高职高专计算机系列规划教材

计算机应用基础分层实训指导

主　编　徐　辰
副主编　徐　涛
编　者　陆　英　　赵文斌　　潘晓瑜
　　　　周钱慧　　龙朝中　　丁婕峰
主　审　周菊林

U0341816

南京大学出版社

图书在版编目(CIP)数据

计算机应用基础分层实训指导 / 徐辰主编. —— 南京：南京大学出版社，2014.9
ISBN 978 - 7 - 305 - 13921 - 5

Ⅰ. ①计… Ⅱ. ①徐… Ⅲ. ①办公自动化—应用软件—高等学校—教学参考资料 Ⅳ. ①TP317.1

中国版本图书馆 CIP 数据核字(2014)第 198252 号

出版发行　南京大学出版社
社　　址　南京市汉口路 22 号　　　　邮　编　210093
出 版 人　金鑫荣

书　　名　计算机应用基础分层实训指导
主　　编　徐　辰
责任编辑　江　龙　吴　汀　　　　　编辑热线　025 - 83686531
照　　排　南京南琳图文制作有限公司
印　　刷　南京人文印务有限公司
开　　本　787×960　1/16　印张 9.5　字数 175 千
版　　次　2014 年 9 月第 1 版　2014 年 9 月第 1 次印刷
ISBN 978 - 7 - 305 - 13921 - 5
定　　价　24.00 元

网址：http://www.njupco.com
官方微博：http://weibo.com/njupco
官方微信号：njupress
销售咨询热线：(025)83594756

前　言

计算机应用能力是目前信息技术使用者最基本的能力,随着信息技术的快速发展,应用软件的更新也是日新月异。为提高不同基础使用者掌握最新软件的实践操作能力,我们组织编写了《计算机应用基础分层实训指导》。

本书以教育部考试中心最新制定的《全国计算机等级考试一级 MS Office 考试大纲(2013 年版)》为基准,以 Windows 7、MS Office 2010 办公软件为平台,适当引入了《全国计算机等级考试二级 MS Office 高级应用考试大纲(2013 年版)》的知识点,并结合了《计算机基础及 MS Office 应用教程》的内容要点。本书包括计算机基础知识、计算机系统及 Windows 7、因特网基础及应用、Word 2010、Excel 2010、PowerPoint 2010 等内容,以通俗易懂的语言概括了知识要点与操作流程,便于学习者从总体上把握应用操作的概要;同时本书为每个章节安排了从生活、工作、学习中引申出的由易至难的多个实训案例,以案例为线索完成操作要领的阐述与示范,方便学习者依例解决实际问题,做到知识和技能的融会贯通;并在每个章节都安排了多个实践应用和计算机等级考试应用案例,便于学习者巩固知识和操作技能。

通过对本书的学习和实训,使学习者巩固计算机的基本概念、计算机原理及组成、多媒体应用技术和网络知识,进一步掌握 Windows 7 的使用和 Office 2010 的应用。学习者根据自身掌握情况,选择适当的切入点提高综合问题的解决能力和参加全国计算机等级考试一、二级的应试能力。本书可以作为高职高专、本科院校及其他各类计算机培训的教学用书,也可作为计算机爱好者实用的自学用书。书中所有操作题素材以及视频演示请至南京大学出版社网站下载(http://www.njupco.com/college/software/)。

本书由徐辰主编,徐涛任副主编,周菊林主审,陆英、赵文斌、潘晓瑜、周钱慧、龙朝中和丁婕峰参与编写。在本书的编写过程中,得到了昆山开放大学、江苏城市职业学院（昆山校区）张国翔校长和电子信息系同仁的热心指导与大力协助，在此，对他们致以衷心的感谢。同时，本书作为江苏开放大学、江苏城市职业学院"十二五"规划课题"高职高专《计算机应用基础》分层实训研究"的研究成果，也得到了江苏开放大学、江苏城市职业学院的大力支持，在此一并表示感谢！

　　由于时间仓促及作者水平有限，书中难免存在不足之处，恳请广大读者提出宝贵意见，不吝赐教，以便修订时更正。

编　者

2014 年 8 月

目　　录

第 1 章　计算机基础知识 ·· 1

1.1　知识要点 ··· 1
1.2　例题解析 ··· 2
1.3　理论训练篇 ··· 14
1.4　Windows 7 练习题 ··· 16
1.5　一、二级 MS Office 模拟训练篇 ····································· 18

第 2 章　因特网基础及应用 ··· 24

2.1　知识要点 ·· 24
2.2　案例解析 ·· 25
2.3　基础训练篇 ··· 36
2.4　拓展训练篇 ··· 37

第 3 章　Word 2010 的使用 ··· 38

3.1　知识要点 ·· 38
3.2　案例解析 ·· 39
3.3　基础训练篇 ··· 58
3.4　模拟训练篇 ··· 59
3.5　拓展训练篇 ··· 60

第 4 章　Excel 2010 的使用 ··· 62

4.1　知识要点 ·· 62
4.2　案例解析 ·· 63

　　4.3　基础训练篇 ··· 89
　　4.4　模拟训练篇 ··· 91
　　4.5　拓展训练篇 ··· 93

第 5 章　PowerPoint 2010 的使用 ··························· 96
　　5.1　知识要点 ··· 96
　　5.2　案例解析 ··· 97
　　5.3　基础训练篇 ·· 122
　　5.4　模拟训练篇 ·· 123
　　5.5　拓展训练篇 ·· 126

附录 ·· 128
　　附录 1　一级 MS Office 考试环境介绍 ····················· 128
　　附录 2　一级 MS Office 考试大纲(2013 版) ················ 138
　　附录 3　二级 MS Office 高级应用考试大纲(2013 版) ········ 141

第1章 计算机基础知识

1.1 知识要点

计算机基础知识要点如图 1-1 所示。

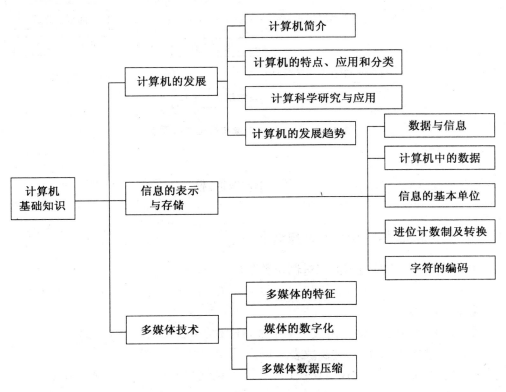

图 1-1 计算机基础知识要点

Windows 7 操作系统知识要点如图 1-2 所示。

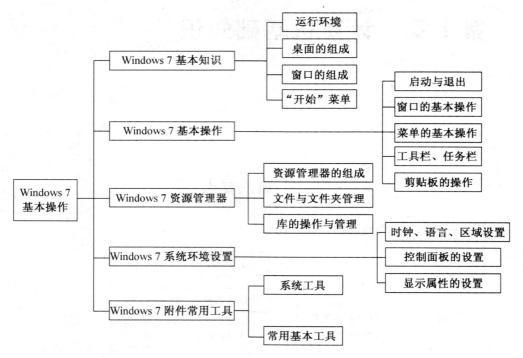

图 1-2　Windows 7 操作系统知识要点

1.2　例题解析

1.2.1　计算机基础知识理论题解析

（1）微机中 1 KB 表示的二进制位数是（　　）。

　　A. 1000　　　　　　B. 8×1000　　　　　　C. 1024　　　　　　D. 8×1024

【答案】　D

【解析】　8 个二进制位组成一个字节,1KB 共 1024 字节。

（2）十进制数 45 用二进制数表示是（　　）。

　　A. 110001　　　　　B. 110111　　　　　　C. 011001　　　　　D. 101101

【答案】　D

【解析】　十进制向二进制的转换采用"除二取余"法,具体计算过程如下:

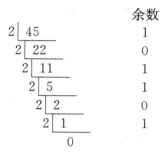

余数

将余数逆序排列,即 101101,故选 D。

(3) 二进制数 111110000111 转换成十六进制数是(　　)。

　　A. 5FB　　　　　　　B. F87　　　　　　　C. FC　　　　　　　D. F45

【答案】　B

【解析】　二进制整数转换成十六进制整数的方法是:从个位数开始向左按每 4 位二进制数为一组划分,不足 4 位的前面补 0,然后各组代之以一位十六进制数字即可;将 111110000111 分成 1111、1000、0111 三个部分,分别转换成十六进制,$(1111)_2$ $=(F)_{16}$,$(1000)_2=(8)_{16}$,$(0111)_2=(7)_{16}$,因此$(111110000111)_2=(F87)_{16}$。

(4) 与十六进制数 26CE 等值的二进制数是(　　)。

　　A. 011100110110010　　　　　　B. 0010011011011110

　　C. 10011011001110　　　　　　D. 1100111000100110

【答案】　C

【解析】　十六进制数转换成二进制的过程和二进制数转换成十六进制数的过程相反,即将每一位十六进制数用与其等值的 4 位二进制数代换即可;将十六进制数 2、6、C、E 分别转换成二进制,$(2)_{16}=(0010)_2$,$(6)_{16}=(0110)_2$,$(C)_{16}=(1100)_2$,$(E)_{16}=(1110)_2$,合起来为 0010011011001110,去掉前面二个多余的"0",故选 C。

(5) 下列 4 个无符号十进制整数中,能用 8 个二进制位表示的是(　　)。

　　A. 257　　　　B. 201　　　　C. 313　　　　D. 296

【答案】　B

【解析】　十进制整数转成二进制数的方法是"除二取余"法,得出每个选项的二进制数。其中,只有 201D=11001001B,为八位,或者采用逆向思维,先计算 8 位二进制能表示的最大数$(11111111)_2=(255)_{10}$,四个选项中只有 B 选项小于 255,故选 B。

(6) 6 位无符号的二进制数能表示的最大十进制数是(　　)。

　　A. 64　　　　B. 63　　　　C. 32　　　　D. 31

【答案】 B

【解析】 6 位无符号的二进制数最大为 111111,转换成十进制数就是 63,故选 B。

（7）下列 4 种不同数制表示的数中,数值最大的一个是（　　）。

　　A. 八进制数 227　　　　　　　　B. 十进制数 789

　　C. 十六进制数 1FF　　　　　　　D. 二进制数 1010001

【答案】 B

【解析】 解答这类问题,一般都是将这些非十进制数转换成十进制数,才能进行统一的对比。非十进制转换成十进制的方法是按权展开,其中,$(227)_8 = (151)_{10}$,$(1FF)_{16} = (511)_{10}$,$(1010001)_2 = (81)_{10}$,均小于 789,故选 B。

（8）某汉字的区位码是 5448,它的机内码是（　　）。

　　A. D6D0H　　　B. E5E0H　　　C. E5D0H　　　D. D5E0H

【答案】 A

【解析】 国际码＝区位码＋2020H,汉字机内码＝国际码＋8080H。首先将十进制表示的区位码 5448 的两个字节即 54、48 分别转换成十六进制 $(54)_{10} = (36)_{16}$,$(48)_{10} = (30)_{16}$,因此区位码 5448 可以使用 3630H 表示,其国际码为 3630H＋2020H＝5650H,汉字机内码为 5650H＋8080H＝D6D0H,故选 A。

（9）汉字的字形通常分为哪两类（　　）。

　　A. 通用型和精密型　　　　　　　B. 通用型和专用型

　　C. 精密型和简易型　　　　　　　D. 普通型和提高型

【答案】 A

【解析】 汉字的字形可以分为通用型和精密型两种,其中通用型又可以分成简易型、普通型、提高型 3 种。

（10）将高级语言编写的程序翻译成机器语言程序,所采用的两种翻译方式是（　　）。

　　A. 编译和解释　　B. 编译和汇编　　C. 编译和链接　　D. 解释和汇编

【答案】 A

【解析】 将高级语言转换成机器语言,采用编译和解释两种方法。

（11）下列关于操作系统的主要功能的描述中,不正确的是（　　）。

　　A. 处理器管理　　B. 作业管理　　C. 文件管理　　D. 信息管理

【答案】 D

【解析】 操作系统的 5 大管理模块是处理器管理、作业管理、存储器管理、设备管理和文件管理。

（12）运算器的主要功能是（　　　）。

　　A. 实现算术运算和逻辑运算

　　B. 保存各种指令信息供系统其他部件使用

　　C. 分析指令并进行译码

　　D. 按主频指标规定发出时钟脉冲

【答案】　A

【解析】　运算器（ALU）是计算机处理数据形成信息的加工场所，主要功能是对二进制数码进行算术运算或逻辑运算。

（13）下列关于字节的 4 条叙述中，正确的一条是（　　　）。

　　A. 字节通常用英文单词"bit"来表示，有时也可以写做"b"

　　B. 目前广泛使用的 Pentium 机其字长为 5 个字节

　　C. 计算机中将 8 个相邻的二进制位作为一个单位，这种单位称为字节

　　D. 计算机的字长并不一定是字节的整数倍

【答案】　C

【解析】　选项 A：字节通常用 Byte 表示。选项 B：Pentium 机字长为 32 位。选项 D：字长总是 8 的倍数。

（14）在 ASCII 码表中，按照 ASCII 码值从小到大排列顺序是（　　　）。

　　A. 数字、英文大写字母、英文小写字母

　　B. 数字、英文小写字母、英文大写字母

　　C. 英文大写字母、英文小写字母、数字

　　D. 英文小写字母、英文大写字母、数字

【答案】　A

【解析】　在 ASCII 码中，有 4 组字符：第 1 组是控制字符，如 LF，CR 等，其对应 ASCII 码值最小；第 2 组是数字 0～9；第 3 组是大写字母 A～Z；第 4 组是小写字母 a～z。这 4 组对应的值逐渐变大。

（15）下列字符中，其 ASCII 码值最大的是（　　　）。

　　A. 5　　　　　　　B. b　　　　　　　C. f　　　　　　　D. A

【答案】　C

【解析】　字符对应 ASCII 码值的关系是"数字＜大写字母＜小写字母，英文字母在 ASCII 码表中越往后越大"。推算得知字符 f 的 ASCII 码值最大。

（16）下列有关计算机性能的描述中，不正确的是（　　　）。

A. 一般而言,主频越高,速度越快

B. 内存容量越大,处理能力就越强

C. 计算机的性能好不好,主要看主频是不是高

D. 内存的存取周期也是计算机性能的一个指标

【答案】 C

【解析】 计算机的性能和很多指标有关系,不能简单地认定一个指标。除了主频之外,字长、运算速度、存储容量、存取周期、可靠性、可维护性等都是评价计算机性能的重要指标。

(17) 微型计算机按照结构可以分为(　　　)。

A. 单片机、单板机、多芯片机、多板机

B. 286 机、386 机、486 机、Pentium 机

C. 8 位机、16 位机、32 位机、64 位机

D. 以上都不是

【答案】 A

【解析】 注意,这里考核的是微型计算机的分类方法。微型计算机按照字长可以分为 8 位机、16 位机、32 位机、64 位机;按照结构可以分为单片机、单板机、多芯片机、多板机;按照 CPU 芯片可以分为 286 机、386 机、486 机、Pentium 机。

(18) 存储一个国际码需要(　　　)个字节。

A. 1　　　　　　B. 2　　　　　　C. 3　　　　　　D. 4

【答案】 B

【解析】 由于一个字节只能表示 256 种编码,而常用汉字约 3 500 字,两个字节可表示 65 536 种编码,显然一个字节不能表示汉字的国际码,一般用两个字节表示。

(19) 以下关于计算机中常用编码描述正确的是(　　　)。

A. 只有 ASCII 码一种　　　　　　B. 有 EBCDIC 码和 ASCII 码两种

C. 大型机多采用 ASCII 码　　　　D. ASCII 码只有 7 位码

【答案】 B

【解析】 计算机中常用的编码有 EBCDIC 码和 ASCII 码两种,前者多用于大型机,后者多用于微机。ASCII 码有 7 位码和 8 位码两个版本。

(20) 下列关于计算机的叙述中,不正确的一项是(　　　)。

A. 最常用的硬盘就是温切斯特硬盘

B. 计算机病毒是一种新的高科技类型犯罪

C. 8 位二进制位组成一个字节

D. 汉字点阵中,行、列划分越多,字形的质量就越差

【答案】　D

【解析】　行、列划分越多,字形的质量就越好,锯齿现象就越不严重,但是容量就越大。

1.2.2　Windows 7 基本操作题解析

(一)任务 1

1. 任务要求

(1) 在"素材(第 1 章)"文件夹下创建名称为"ABC"的文件夹;

(2) 在新创建的文件夹中创建文本文件"321.txt";

(3) 将"素材(第 1 章)"文件夹根目录下的文件"酒.bmp"的名称修改为"酒.jpg"。

2. 解决过程

(1) 打开"素材(第 1 章)"文件夹→点击工具栏上的"新建文件夹"或右击空白处,选择"新建"→"文件夹"(如图 1-3 所示)→在新文件夹图标的名称栏中输入文件夹名称"ABC"→按"Enter"键。

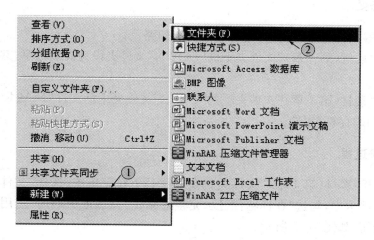

图 1-3　新建文件夹

(2) 打开"ABC"文件夹→右击空白处,在弹出的快捷菜单中选择"新建"→"文本

文档"(如图 1 - 4 所示)→在图标下的名称栏中输入文本名称为"321. txt"。

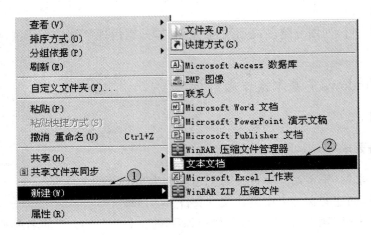

图 1 - 4　新建文本文档

　　(3) 返回"素材(第 1 章)"文件夹→右击文件"酒. bmp",选择"重命名"→修改文件名称为"酒. jpg"→按"Enter"键。

(二) 任务 2

1. 任务要求

　　(1) 设置文件夹选项,在标题栏显示完整的路径;
　　(2) 将"素材(第 1 章)"文件夹下的"DOWN"文件夹设为高级共享,共享名为"下载";
　　(3) 将"素材(第 1 章)"文件夹下的"USER"文件夹中的文件"MACRO. OLD"设置成"隐藏"和"存档"属性。

2. 解决过程

　　(1) 打开"素材(第 1 章)"文件夹→在"组织"下拉菜单中,选择"文件夹选项"→在"查看"选项卡中,勾选"在标题栏显示完整的路径"复选框→单击"应用"按钮→单击"确定"按钮,如图 1 - 5 所示。

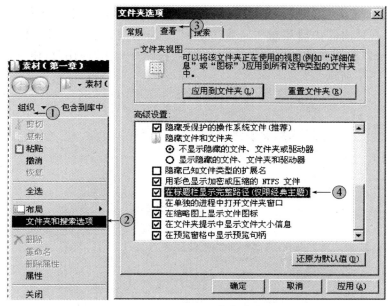

图 1-5　设置文件夹选项

（2）右击"DOWN"文件夹，在弹出的快捷菜单中选择"属性"→在"共享"选项卡中，单击"高级共享"按钮→勾选"共享此文件夹"复选框→在"共享名"文本框中输入"下载"→单击"应用"按钮→单击"确定"按钮→单击"确定"按钮，如图 1-6 所示。

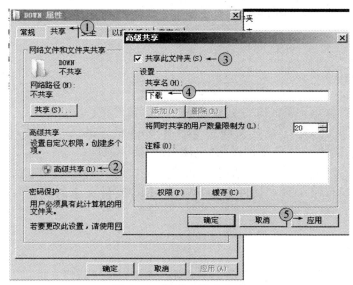

图 1-6　设置文件夹共享

（3）返回"素材（第 1 章）"文件夹→双击打开"USER"文件夹→右击"MACRO.OLD"文件，在弹出的快捷菜单中选择"属性"→勾选"隐藏"复选框，单击"高级"按钮→勾选"可以存档文件"复选框→单击"确定"按钮→单击"应用"按钮→单击"确定"按钮，如图 1-7 所示。

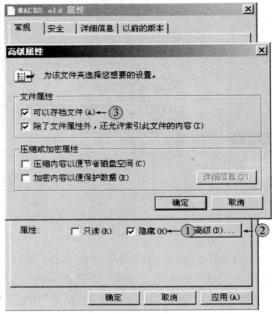

图 1-7　设置文件夹"隐藏"、"存档"属性

（三）任务 3

1. 任务要求

（1）在"素材（第 1 章）"文件夹下建立"照片"文件夹；

（2）查找"素材（第 1 章）"文件夹下所有 bmp 格式的图片文件，将它们复制到"照片"文件夹中，并将这些文件设为"只读"和"存档"属性；

（3）将"快速"文件夹中的"冰箱"文件夹下的文件"bing. aoc"删除；

（4）将"素材（第 1 章）"文件夹中"WORKER"文件夹下的文件"一一班. txt"改名为"一二班. txt"。

2. 解决过程

（1）打开"素材（第 1 章）"文件夹→点击工具栏中的"新建文件夹"→在新文件夹

图标下的名称栏中输入文件夹名称"照片"→按"Enter"键；

　　（2）打开"素材（第 1 章）"文件夹→在
搜索栏输入"＊.bmp"，如图 1-8 所示，点
击"搜索"按钮→待搜索完成后，按"Ctrl＋
A"组合键选中全部文件→按"Ctrl＋C"组
合键→打开"照片"文件夹→按"Ctrl＋V"
组合键→保持全选状态，在选中区域右

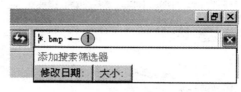

图 1-8　搜索文件

击，在弹出的快捷菜单中选择"属性"→勾选"只读"复选框→点击"高级"按钮→勾选
"可以存档文件"复选框→单击"确定"按钮→单击"应用"按钮→单击"确定"按钮；

　　（3）打开"素材（第 1 章）"文件夹中的"快速"文件夹→打开"冰箱"文件夹→单击
选中"bing.aoc"，按"Delete"键→在弹出的对话框点击"是"按钮；

　　（4）右击文件"——班.txt"，在弹出的快捷菜单中选择"重命名"→在文件图标
下的名称栏中的名称修改为"一二班.txt"→按"Enter"键。

（四）任务 4

1. 任务要求

　　（1）将 IE 主页设置为"www.sower.com.cn"，网页保存在历史记录的天数设置为
10 天；

　　（2）设置 IE 选项，脚本错误发出通知，并显示友好的 HTTP 错误信息。

2. 解决过程

　　（1）双击打开桌面图标"Internet
Explorer"→选择"工具"菜单→选择"Internet
选项"，如图 1-9-1 所示在"常规"选项卡的
"主页"栏目中，输入网址"www.sower.com.
cn"→单击"应用"按钮→在"常规"选项卡的
"浏览历史记录"栏目中，点击"设置"按钮→在
"网页保存在历史记录的天数"中修改历史记
录天数为 10 天→单击"应用"按钮，如图 1-9-
2 所示。

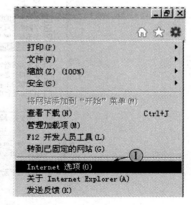

图 1-9-1　设置"主页"、"历史记录"

图 1 - 9 - 2　设置"主页"、"历史记录"

（2）在"高级"选项卡中→勾选"显示每个脚本错误的通知"复选框和"显示友好的 HTTP 错误信息"复选框→单击"应用"按钮→单击"确定"按钮，如图 1 - 10 所示。

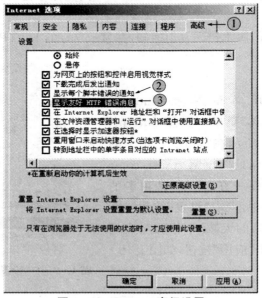

图 1 - 10　Internet 高级设置

（五）任务 5

1. 任务要求

（1）将"C 盘"卷标修改为"Exam"；

（2）将"素材（第 1 章）"文件夹下"Resouce"文件夹设置为高级共享，共享名为"资源共享"，共享权限为"完全控制"。

2. 解决过程

（1）打开"我的电脑"，右击"C 盘"，在弹出的快捷菜单中选择"属性"→在"常规"选项卡中，修改卷标为"Exam"→单击"应用"按钮→单击"确定"按钮，如图 1 - 11 所示。

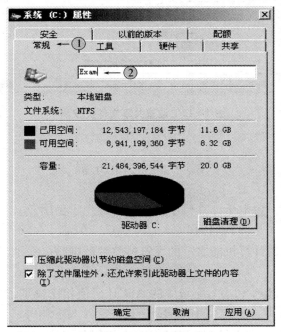

图 1 - 11　修改磁盘卷标

（2）打开"素材（第 1 章）"文件夹→右击"Resouce"文件夹，在弹出的快捷菜单中选择"属性"→在"共享"选项卡中，点击"高级共享"按钮→勾选"共享此文件夹"复选框，输入共享名"资源共享"，单击"权限"按钮→勾选"完全控制"中"允许"复选框→单击"应用"按钮→单击"确定"按钮→单击"应用"按钮→单击"确定"按钮，如图 1 - 12 所示。

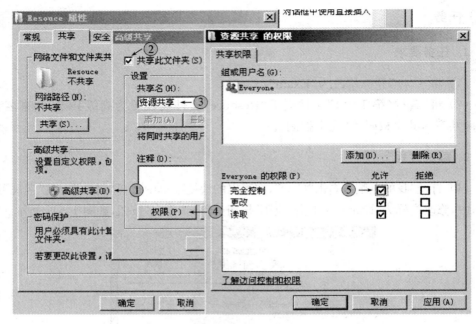

图 1-12　设置共享文件夹权限

1.3　理论训练篇

1. 世界上的第一台电子计算机于（　　　）年诞生于美国。

　　A. 1917　　　　　　B. 1946　　　　　　C. 1974　　　　　　D. 1983

2. 字长为 8 位的计算机能表示的无符号整数范围是（　　　）。

　　A. 0～127　　　　　B. 0～255　　　　　C. 0～512　　　　　D. 0～65 535

3. 英文大写字母 A 和小写字母 a 的 ASCII 码值相比较是（　　　）。

　　A. A 比 a 大　　　　B. A 比 a 小　　　　C. A 与 a 相等　　　D. 无法比较

4. 在 DOS 下的汉字系统（如 UCDOS）中编辑的汉字文本，在中文版 Windows 中同样可以显示和编辑，这是由汉字（　　　）的唯一性决定的。

　　A. 外码　　　　　　B. 内码　　　　　　C. 全拼码　　　　　D. ASCII 码

5. 某台微机的硬盘容量为 1 GB，表示（　　　）。

　　A. 1000 KB　　　　B. 1024 KB　　　　C. 1000 MB　　　　D. 1024 MB

6. 电子数字计算机最早的应用领域是（　　　）。

　　A. 辅助制造工程　　　　　　　　　B. 过程控制

　　C. 信息处理　　　　　　　　　　　D. 数值计算

7. 在计算机内部,所有需要计算机处理的数字、字母、字符都可以用(　　)来表示。

　　A. 二进制码　　　　　　　　　　　B. 八进制码

　　C. 十进制码　　　　　　　　　　　D. 十六进制码

8. 计算机应用中,英文缩略语 CAM 所表示的计算机术语是(　　)。

　　A. 计算机辅助设计　　　　　　　　B. 计算机辅助制造

　　C. 计算机辅助工程　　　　　　　　D. 计算机辅助教学

9. 计算机能够直接识别和执行的语言是(　　)。

　　A. 汇编语言　　　　　　　　　　　B. 高级语言

　　C. 英语　　　　　　　　　　　　　D. 机器语言

10. 下面哪一项不是计算机采用二进制的主要原因(　　)。

　　A. 二进制只有 0 和 1 两个状态,技术上容易实现

　　B. 二进制运算规则简单

　　C. 二进制数的 0 和 1 与逻辑代数的"真"和"假"相吻合,适合于计算机进行逻辑运算

　　D. 二进制可与十进制直接进行算术运算

11. 一个完整的计算机软件应包含(　　)。

　　A. 系统软件和应用软件　　　　　　B. 编辑软件和应用软件

　　C. 数据库软件和工具软件　　　　　D. 程序、相应数据和文档

12. 计算机操作系统通常具有的五大功能是(　　)。

　　A. 处理器(CPU)管理、显示器管理、键盘管理、打印机管理和鼠标器管理

　　B. 硬盘管理、软盘驱动器管理、处理器(CPU)的管理、显示器管理和键盘管理

　　C. 处理器(CPU)管理、存储管理、文件管理、设备管理和作业管理

　　D. 启动、打印、显示、文件存取和关机

13. 下列叙述中,正确的是(　　)。

　　A. 计算机能直接识别并执行用高级程序语言编写的程序

　　B. 用机器语言编写的程序可读性最差

　　C. 机器语言就是汇编语言

　　D. 高级语言的编译系统是应用程序

14. 结构化程序设计的基本原则不包括( )。

    A. 多态性   B. 自顶向下

    C. 模块化   D. 逐步求精

15. 在数据管理技术发展的三个阶段中,数据共享最好的是( )。

    A. 人工管理阶段   B. 文件系统阶段

    C. 数据库系统阶段   D. 三个阶段相同

16. 软件设计中模块划分应遵循的准则是( )。

    A. 低内聚低耦合   B. 高内聚低耦合

    C. 低内聚高耦合   D. 高内聚高耦合

17. 在 E-R 图中,用来表示实体联系的图形是( )。

    A. 椭圆形   B. 矩形   C. 菱形   D. 三角形

18. 冯·诺依曼计算机的特点主要是指计算机( )。

    A. 提供了人机交互的界面   B. 具有输入输出的设备

    C. 能进行算术逻辑运算   D. 可运行预先存储的程序

19. 计算机系统中,由电子线路、元器件和机械部件等构成的具体装置是( )。

    A. 外设   B. 主机

    C. 硬件系统   D. 外存设备

20. 计算机病毒中的寄生性是指( )。

    A. 大多数计算机病毒把自己附着在某个已存在的程序上

    B. 大多数计算机病毒把自己附着在某个计算机部件里

    C. 大多数计算机病毒寄生在不卫生的计算机主板上

    D. 大多数计算机病毒寄生在不卫生的操作员身体上

1.4   Windows 7 练习题

   1. 在 D 盘根目录下建立一个名为 test 的文件夹,在 D:\test 文件夹下创建名为 aa、bb 的两个文件夹,在 aa 文件夹下再创建一个文件夹 cc。

   2. 在 D:\test 文件夹下创建名为 testa、testb 的两个文件夹,在 testa 文件夹下创建名为 ssk.jpg 的图像文件。

   3. 在 D:\test 文件夹下,创建 d1、d2 两个文件夹,然后在 d2 文件夹中创建 d3 文件夹;在 d3 文件夹中创建文件 dsk.txt,文件内容为"计算机考试"。

   4. 在硬盘上搜索 notepad.exe 文件,并同名复制到 D:\test 文件夹下。

5. 在硬盘上搜索 calc. exe 文件，并将它复制到 D:\test 文件夹下，并改名为 abc. exe。

6. 在 D:\test 文件夹下创建两个文件夹 sh、sk；在硬盘上搜索 calc. exe 文件，并将其复制到 sk 文件夹下。

7. 在 D:\test 文件夹下创建名为 test. txt 文本文件，内容为"磁盘压缩"。

8. 在 D:\test 文件夹下创建名为 ssa、ssb 的两个文件夹，并将 ssa 文件夹的属性设置为"隐藏"。

9. 在 D:\test 文件夹下创建名为 ta、tb 的两个文件夹，删除 D:\test 文件夹下的 bb 文件夹。

10. 在 D:\test 文件夹下创建 js1、js2 两个文件夹，在 js2 文件夹中创建 js3 文件夹；将文件 D:\test\testa\ssk. jpg 复制到 D:\test\js2 文件夹中，并更名为 tpd. bmp。

11. 在 D:\test 文件夹下创建一个名为"计算器"的快捷方式，其对应的项目为"calc. exe"程序。

12. 在 D:\test 文件夹下创建 mj 文件夹，然后在其中创建 mg 文件夹；在 D:\test\mj\mg 文件夹中建立名为 note 的快捷方式，指向 Windows 7 的系统应用程序 notepad. exe。

13. 在 D:\test 文件夹中建立一个名为 pad 的快捷方式，该快捷方式指向 Windows 7 的系统应用程序 notepad. exe，并设置快捷键 Ctrl＋Shift＋J。

14. 在 D:\test 文件夹下建立文件夹 ShangHai，然后在 ShangHai 下创建快捷方式 xzb，运行该快捷方式命令可打开 Windows 7 的系统应用程序 write. exe。

15. 在 D:\test 文件夹中创建一个能打开"计算机"的快捷方式，取名为"我的电脑"，更改图标图案为五角星形。

16. 启动 Windows 任务管理器，将 Windows 任务管理器窗口以 16 色位图格式保存在 D:\test 文件夹下，文件名为 C1. bmp。

17. 在资源管理器窗口中，指定文件夹为 C:\Windows\System32，设置按名称分组排列方式显示文件和文件夹，设法将得到的操作结果以 C2. jpg 为文件名，保存在 D:\test 文件夹下。

18. 将日期和时间属性窗口画面复制到画图程序，并用单色位图格式，以 C5. bmp 为文件名保存到 D:\test 文件夹下。

19. 将 C:\Program Files 文件夹以详细信息方式显示，以修改时间为顺序排列，最近修改的放在前面，设法将得到的操作结果以文件名 C7. jpg 保存到 D:\test 文件夹中。

20. 将任务栏和开始菜单属性窗口复制到 Word 程序中，以 C8. docx 为文件名保存到 D：\test 文件夹下。

21. 使用"计算器"，将二进制数 10001001011（B）转换为十进制数的结果窗口以 D5. png 格式保存在 D：\test 文件夹下。

22. 将十六进制数 ABCDE（H）转换为十进制数的结果保存到"记事本"中，并保存到 D：\test 文件夹中，文件名为 D6. txt。

23. 将十进制数 7777 转换为二进制数的结果保存到 Word 程序中，并存储为 D：\test\D7. docx。

24. 将 Windows 7 中"帮助与支持中心"的关于"打印图片"的帮助信息内容保存到 D：\test\E4. docx 中。

25. 将 Windows 7 中有关"保存文件"的帮助信息窗口以文件名 E5. jpg 保存在 D：\test 文件夹中。

1.5　一、二级 MS Office 模拟训练篇

1.5.1　单项选择题

1. 组成计算机系统的是（　　　）。
   A. 硬件系统和软件系统　　　　　B. 主机、键盘和显示器
   C. 计算机的外部设备　　　　　　D. 主机和软件系统

2. 1946 年奠定了计算机的程序存储原理的是（　　　）。
   A. 冯·诺依曼　　　　　　　　　B. 图灵
   C. 图灵和冯·诺依曼　　　　　　D. 爱因斯坦和图灵

3. "记事本"实用程序的基本功能是（　　　）。
   A. 文字处理　　　　　　　　　　B. 图像处理
   C. 手写汉字输入处理　　　　　　D. 图形处理

4. 个人计算机属于（　　　）。
   A. 微型计算机　　　　　　　　　B. 小型计算机
   C. 中型计算机　　　　　　　　　D. 巨型计算机

5. 一个完备的计算机系统应该包含计算机的（　　　）。
   A. 主机和外部设计　　　　　　　B. 硬件和软件
   C. CPU 和存储器　　　　　　　　D. 控制器和运算器

6. 计算机的运算速度是它的主要性能指标之一。主要性能指标还包括下列四项中的(　　)。

  A. 字长   B. 显示器尺寸

  C. 机箱类型   D. 打印机的性能

7. 从攻击类型上看,下列不属于主动攻击的方式是(　　)。

  A. 更改报文流   B. 拒绝报文服务

  C. 伪造连接初始化   D. 窃听信息

8. 1 MB 的准确数量是(　　)。

  A. 1024×1024 Words   B. 1024×1024 Bytes

  C. 1000×1000 Bytes   D. 1000×1000 Words

9. 下列几项微型计算机的别名中不正确的是(　　)。

  A. PC 机   B. 微电机   C. 个人电脑   D. 微电脑

10. 在 Windows 的支持下,用户(　　)。

  A. 最多只能打开一个应用程序窗口

  B. 最多只能打开一个应用程序窗口和一个文档窗口

  C. 最多只能打开一个应用程序窗口,而文档窗口可以打开多个

  D. 可以打开多个应用程序窗口和多个文档窗口

11. 计算机在执行程序前必须将程序和数据装入到(　　)。

  A. 内存储器   B. 输入输出设备

  C. CPU   D. 硬盘

12. 计算机配件中,具有简单、直观、移动速度快等优点的设备是(　　)。

  A. 扫描仪   B. 鼠标   C. 键盘   D. 显示器

13. 关于我国的计算机汉字编码,下列说法正确的是(　　)。

  A. 汉字编码用连续的两个字节表示一个汉字

  B. 用不连续的两个字节表示一个汉字

  C. 汉字编码用一个字节表示一个汉字

  D. 汉字编码用连续的四个字节表示一个汉字

14. 计算机中用来保存各种信息的装置分为内存和外存两大类,二者的存储容量(　　)。

  A. 几乎一样大小

  B. 内存容量大于外存

  C. 外存容量大于内存

　　D. 有的计算机内存容量大,有的计算机外存容量大

15. 以下软件中,不属于视频播放软件的是(　　　)。

　　A. Winamp
　　B. Media Player
　　C. QuickTime Player
　　D. Real Player

16. 计算机的主要性能指标除了运算速度、内存容量、字长和外部设备的配置及扩展能力外,还包括(　　　)。

　　A. 主频
　　B. 有无连接宽带互联网的能力
　　C. 有无视频设备
　　D. 有无绘图功能

17. 微型计算机中使用的关系数据库,就应用领域而言主要用于(　　　)。

　　A. 科学计算
　　B. 实时控制
　　C. 信息处理
　　D. 计算机辅助设计

18. 最先提出存储程序和计算机基本结构的思想是(　　　)。

　　A. 比尔·盖茨
　　B. 图灵
　　C. 帕斯卡
　　D. 冯·诺依曼

19. 关于存储器的存取速度快慢的比较中,下列说法正确的是(　　　)。

　　A. 硬盘>U 盘>RAM
　　B. RAM>硬盘>U 盘
　　C. U 盘>硬盘>RAM
　　D. 硬盘>RAM>U 盘

20. 最能准确反映计算机主要功能的是(　　　)。

　　A. 计算机可以代替人的脑力劳动
　　B. 计算机可以存储大量信息
　　C. 计算机是一种信息处理机
　　D. 计算机可以实现高速度的运算

21. 与十六进制数 AFH 等值的十进制数是(　　　)。

　　A. 175　　　　B. 176　　　　C. 177　　　　D. 188

22. 微机的微处理器芯片上集成有(　　　)。

　　A. CPU 和微处理器
　　B. 控制器和运算器
　　C. 运算器和 I/O 接口
　　D. 控制器和存储器

23. 要把一台普通的计算机变成多媒体计算机,要解决的关键技术不包括(　　　)。

　　A. 多媒体数据压编码和解码技术
　　B. 网络交换技术
　　C. 视频音频同步技术
　　D. 多媒体存储技术

24. Windows 中有很多功能强大的应用程序,其中"磁盘碎片整理程序"的主要用途是(　　　)。

A. 将进行磁盘文件碎片整理,提高磁盘的读写速度

B. 将磁盘的文件碎片删除,释放磁盘空间

C. 将进行磁盘碎片整理,并重新格式化

D. 将不小心摔坏的磁盘碎片重新整理规划使其重新可用

25. 针对性强、效率高、结构较简单的计算机属于(   )。

A. 电子数字计算机   B. 电子模拟计算机

C. 电动计算机   D. 专用计算机

26. 计算机用于情报检索属于计算机应用中的(   )。

A. 科学计算领域   B. 数据处理领域

C. 辅助设计领域   D. 过程控制领域

27. 关于快捷方式的说法,正确的是(   )。

A. 就是源文件

B. 是指向并打开应用程序的一个指针

C. 源程序的一个复制,大小与源文件一样

D. 如果应用程序被删除,快捷方式仍然有效

28. 在 Windows 中,关于"快速启动"区中的"快速启动"按钮,正确的说法是(   )。

A. 由系统自动产生的"快速启动"按钮,既不能删除,也不能添加

B. "快速启动"按钮可以添加,但不能删除

C. "快速启动"按钮可以删除,但不能添加

D. "快速启动"按钮可以根据需要删除或添加

29. "计算机能够进行逻辑判断,并根据逻辑运算的结果选择相应的处理",该描述说明计算机具有(   )。

A. 自动控制能力   B. 高速运算的能力

C. 记忆能力   D. 逻辑判断能力

30. 已知英文字母 m 的 ASCII 码值为 6DH,那么字母 q 的 ASCII 码值是(   )。

A. 70H   B. 71H

C. 72H   D. 6FH

1.5.2 操作题

1. 在 D 盘根目录下建立一个名为 LIANXI 的文件夹,在 LIANXI 文件夹中创建一个名为"我的画图"的快捷方式,其对应的项目为 mspaint. exe 程序。

2. 在 D:\LIANXI 文件夹中建立一个名为 Example. txt 的文本文件,内容为

Windows 帮助中有关"安装打印机"的全部文本内容。

3. 将 Example. txt 文件复制一个新文件,新文件名为 Example. new。

4. 将文件类型为 new 的文件与"记事本"程序关联。

5. 更改关联,将 new 类型的文件与 Word 程序(WINWORD. EXE)文件关联。

6. 安装"HP Laser"系列打印机中任意一个打印机型号,作为默认打印机,端口更改为文件(FILE),并且"打印测试页",出现"打印到文件"的对话框,要求将"打印到文件"的对话框复制到画图程序,以 PRINTFILE. jpg 文件名保存到 D:\LIANXI 文件夹中(文件类型必须是 jpg)。

7. 在库中建立一个新库"我的习题库",并将 D:\LIANXI 文件夹添加到"我的习题库"中。

8. 将 D:\LIANXI 文件夹添加到"收藏夹"中。

9. 将 Windows 中有关"保存文件"的帮助信息窗口的所有文本内容复制到"记事本",并以文件名 save. txt 保存到 D:\LIANXI 中。

10. 在 D:\LIANXI 文件夹中创建名为 ma,mb 两个文件夹,然后将 mb 文件夹移动到 ma 文件夹下,作为它的子文件夹。

11. 将 D:\LIANXI 文件夹中的文件内容为"打印机"三个汉字的文件复制到 D 盘的 mb 子文件夹中,并将 mb 中所有内容文件属性更改为"只读"和"隐藏"。要求所有"隐藏"属性的文件不显示出来。

12. 找到 C 盘中的 notepad. exe 文件保到"开始"菜单中。

13. 同时以窗口方式启动"WORD"和"EXCEL"两个应用程序,要求在桌面上"并排显示",要求将整个桌面窗口(并排显示)的画面复制到画图文件中,以 we. jpg 文件名保存到 D:\LIANXI\ma 文件夹中(文件类型必须是 jpg)。

14. 更改桌面的背景图片(选一张你喜欢的),设置屏幕保护程序为"三维文字",文字内容自定。在桌面上显示"计算机"、"网上邻居"等图标;更改 D 盘的卷标为"MY_Disk"。

15. 在 D:\LIANXI 中建立一个对应 C:\WINDOWS\system32\notepad. exe 的名为 NOTE 的快捷方式,并设置快捷键为 Alt+Shift+N。

16. 在桌面上添加小工具"时钟"和"CPU 仪表盘"两个小工具,要求将整个桌面窗口并排显示的画面复制到画图文件中,以 clock_CPU. jpg 文件名保存到 D:\LIANXI\ma 文件夹中(文件类型必须是 jpg)。

17. 从 C 盘中搜索文件名中含有"readme"字母的文件,从其中挑选出一个文本文件复制到 D:\LIANXI 文件夹中,新文件名为 readme. ppp,并将 ppp 文件类型的打开方式设置为 Word。

18．找到"开始"菜单/"所有文件"/"附件"中的"截图文件"所对应的程序文件的位置和文件名，并将对应的文件复制到 D:\LIANXI 文件夹中。

19．打开"任务管理器"，将"任务管理器"的对话框复制到画图程序，以 task. jpg 文件名保存到 D:\LIANXI 文件夹中(文件类型必须是 jpg)。

20．查找 cmd. exe 应用程序，为其在桌面上创建一个名为"命令处理程序"的快捷方式。将 WORD 程序图标锁定到任务栏，通过设置默认程序，用"写字板"打开文件类型为 txt 的文件，并设置 JPEG 文件与"WINDOWS 照片查看器"应用程序关联。设置视频文件的自动播放操作为使用 Windows Media Player 进行播放。

21．将科学型计算器窗口以 256 色位图格式保存在 D:\LIANXI 文件夹下，文件名为 F1. bmp。

22．将日期和时间属性窗口画面复制到画图程序，并用单色位图格式，以 F2. bmp 为文件名保存到 D:\LIANXI 文件夹下。

23．把 Windows 中有关"保证计算机的安全"的帮助窗口中所显示的全部文本内容，复制到写字板，并以文件名 F3. rtf 保存到 D:\LIANXI 文件夹中。

24．在 D:\LIANXI 文件夹下创建名为 Aa、Bb 的两个文件夹，在 Aa 文件夹下再建一个文件夹 Cc。在 Bb 文件夹下创建一个名为"计算器"的快捷方式，其对应的项目为 calc. exe 程序。

25．在 D:\LIANXI 文件夹下创建名为 LIANXIa、LIANXIb 的两个文件夹，在 LIANXIa 文件夹下创建名为 LIANXIs. txt 的空文本文件。

26．在 D:\LIANXI 文件夹下创建名为"My Favor"、"我的程序"两个文件夹，在 My Favor 文件夹下创建一个名为 St10. txt 文本文件，文本内容为"网络语言"。

27．在 D:\LIANXI 文件夹下创建名为"My Music"、"我的音乐"两个文件夹，在 My Music 文件夹下创建一个名为 St11. txt 的文本文件，文本内容为"和谐"。

28．搜索 C:\WINDOWS\system32 文件夹下(不包括子文件夹)所有文件名第一个字母为 S、文件长度不大于 20KB，且扩展名为 dll 的文件，将找到的文件压缩到 E31. rar 文件中，保存在 D:\LIANXI 文件夹下。

29．在 D:\LIANXI 文件夹下为"磁盘碎片整理程序"程序创建一个快捷方式，快捷方式名为"DFRG"，并设置"DFRG"的快捷键为：Ctrl＋Alt＋D，以最小化方式启动。

30．在 C 盘中找到文件名由四个字母组成，且第二个字母为 u 的文本文件(若有多个文件被找到，取第一个)，并将该文件以文件名 qq. txt 复制到 D:\LIANXI 文件夹下。

第2章 因特网基础及应用

2.1 知识要点

因特网基础及应用的知识要点如图 2-1 所示。

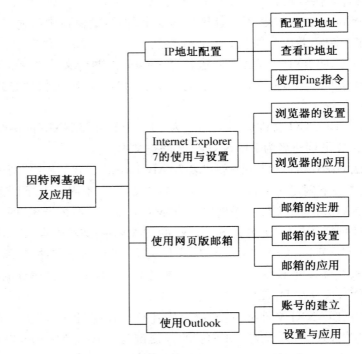

图 2-1 因特网基础及应用的知识要点

2.2　案例解析

2.2.1　案例 1——办公室 IP 地址配置与测试

案例背景

　　某办公室电脑均使用指定的 IP 地址、DNS 服务器上网,最近又新购买了两台电脑,请您帮忙设置一下让这两台电脑也能正常上网,请配置并测试电脑之间的连通性。

1. 案例目标

　　◆ 电脑 A 使用指定 IP 地址:192.168.1.101,子网掩码:255.255.255.0,DNS:61.177.7.1。电脑 B 使用指定 IP 地址:192.168.1.102,子网掩码、DNS 同电脑 A;

　　◆ 使用 ipconfig 指令查看电脑 B 的 IP 配置;

　　◆ 在电脑 B 上使用 Ping 指令测试与电脑 A 的连通性。

2. 解决过程

　　本地连接属性中 IP 地址的设置,使用指令 ipconfig 及 Ping 来查看网络配置及连通性。

　　(1) IP 地址设置

　　① 右击桌面"网络"图标选择"属性",双击"本地连接"。打开"本地连接 属性"对话框,选择"属性"打开"本地连接"属性。

　　② 选择"Internet 协议版本 4(TCP/IPv4)"→点击"属性"→选择"使用下面的 IP 地址"输入相应的 IP 地址与子网掩码,如图 2-2、2-3 所示。

　　③ 选择"使用下面的 DNS 服务器地址"输入相应的 DNS 服务器地址,如图 2-3 所示。电脑 A 和 B 的 IP 地址及 DNS 服务器地址设置过程相同。

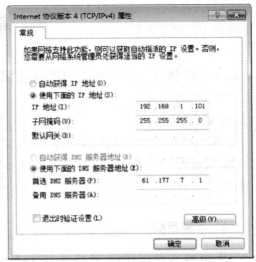

图 2-2　本地连接属性　　　　　　　　　图 2-3　IP 地址及 DNS 设置

（2）使用 ipconfig 查看电脑 B 的 IP 配置信息

① 运行电脑 B 的"开始"菜单→"所有程序"→"附件"→命令提示符，在 ▇▇ 输入 ipconfig/all，按"Enter"键。

② 将显示本地连接的以太网适配器配置：

物理地址．．．．．．．．．．．．．．．：78-45-C4-A4-9A-BA

IPv4 地址．．．．．．．．．．．．．．：192.168.1.101

子网掩码．．．．．．．．．．．．．．．：255.255.255.0

DNS 服务器．．．．．．．．．．．．．：61.177.7.1

（3）使用 Ping 指令查看电脑间连通性

① 在电脑 B 的命令提示符 ▇▇ 中输入 Ping 192.168.1.101（电脑 A 的 IP 地址），按"Enter"键。

② Ping 指令会对 192.168.1.101 默认发送 4 个数据包，结果信息如图 2-4 所示。

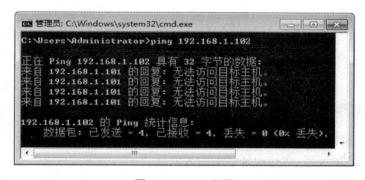

图 2 - 4　Ping 通

注:"来自 192.168.1.101 的回复:字节=32 时间<1ms TTL=64"表示有来自 192.168.1.101 的 32 字节小于 1 毫秒的 4 次回应。

注:"数据包:已发送=4,已接收=4,丢失=0(0％丢失)"表示向 192.168.1.101 发送 4 次并接收 4 次,没有数据包丢失。

图 2 - 5　Ping 不通

注:若出现图 2 - 5 所示结果,则说明无法连通,这时应重新查看两台电脑的 IP 配置是否正确,网线是否正常等情况进行排除。

2.2.2　案例 2——通过浏览器使用百度翻译功能

案例背景
　　王经理昨日收到一份英文邀请函,为了清楚地了解邀请函内容需要进行翻译,请你使用百度翻译功能快速准确地完成翻译。

1. 案例目标

◆ 将以下英文邀请函翻译成中文：

We would like to invite you to an exclusive presentation of our new product. The presentation will take place at 51 Queensland Ave Toronto Canada，at 5：00 PM on 8 Aug 2014 ．We hope you and your colleagues will be able to attend.

图 2 - 6　百度翻译

2. 解决过程

本项目主要考查通过 Internet Explorer 7 使用百度翻译功能。

◆ 打开 IE 浏览器，在地地址栏中输入网址："www. baidu. com"；

◆ 点击百度搜索页面**更多>>**链接，点击进入百度翻译界面 **译** **百度翻译**；

◆ 在图 2 - 6 的①处下拉菜单中选择要翻译的源语言"英语"，在②处下拉菜单中选择将要翻译成的目标语言"中文"，将要翻译的文字粘贴到③处，点击④处按钮，则⑤处生成相应的中文翻译。

2.2.3　案例 3——Internet Explorer 7 浏览器的设置

案例背景

　　小张的电脑用了很长时间了，他发现浏览器默认首页被修改了，并且浏览网页速度比以前慢了很多，当他在输入用户名和密码时，这些信息会自动出现很不安全。

请你将他的浏览器默认首页改为百度,并清除输入时自动出现的信息和上网残留信息让打开网页速度尽可能提高。

1. 案例目标

对 Internet Explorer 7 浏览器进行如下设置:

◆ 请你将他的浏览器默认首页改为百度 www. baidu. com;

◆ 清除"历史记录"、"表单数据"、"密码";

◆ 提高网页加载速度。

2. 解决过程

(1) 打开 IE 浏览器,选择"工具"→"Internet 选项",在图 2-7-1①处输入百度网址单击"确定"按钮,则完成默认首页设置。

(2) 点击图 2-7-1②处,进入清除"历史记录"、"表单数据"、"密码"等界面。图 2-7-2③④处是打开网页时临时保存的网页图文及媒体副本,⑤⑥处是网页输入框及输入密码的保存信息,选中以上选项前的复选框,点击"删除"按钮则删除以上浏览器的数据记录。

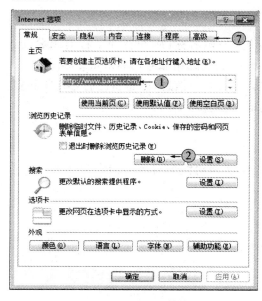

图 2-7-1　Internet 选项

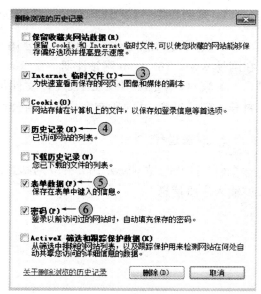

图 2-7-2　删除浏览的历史记录

（3）点击图 2-7-1⑦进入"高级"选项卡，可在图 2-7-3⑧处将播放动画、声音等选项勾去以提高网页加载时的速度。

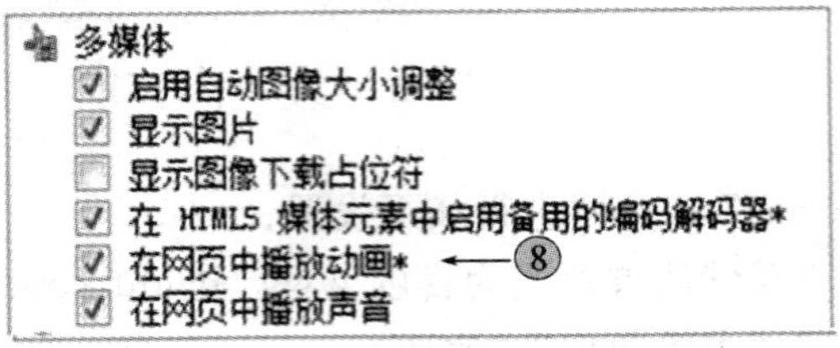

图 2-7-3　高级选项卡

2.2.4　案例 4——网页版邮箱的注册与使用

案例背景

　　您到一家新成立的公司工作，公司名称：旭安装饰工程有限公司。公司要求您为公司注册一个公用邮箱，并请您将已有客户邮箱资料导入到通讯簿，并向所有客户发一封公司成立公告。

1. 案例目标

　　◆ 公司要求您为公司注册一个公用邮箱，公司名称：旭安装饰工程有限公司。在网易 www.163.com 网站注册一个 xuangil 开头的邮箱账号，如：xuangil88；

　　◆ 素材（第 2 章）中 address.csv 文件包含所有客户信息，请您将已有客户邮箱资料导入到通讯簿，并向所有客户发一封公司成立公告。

2. 解决过程

（1）打开网易 www.163.com 网站进入免费邮箱注册界面，如图 2-8 所示，完整输入注册信息。

图 2-8 163 邮箱注册界面

（2）注册成功后用帐号登录，选择图 2-9"通讯录"①，点击②处按钮进入图 2-10 文件导入界面，点击③处"浏览"按钮选择文件 address.csv，点击"确定"按钮。

图 2-9 通讯录界面

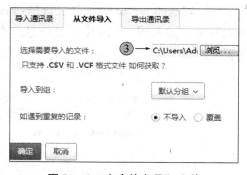

图 2-10 客户信息导入文件

（3）选择 address.csv 文件导入后将出现图 2-12 界面，⑤处是导入的 address.csv 文件中记录对应的列名（详见图 2-11），⑥处是网易邮箱内对应的字段信息，要更改对应关系可通过⑦处下拉菜单选择新的字段信息对应。设置好 address.csv 文件各列与邮箱通讯录中各字段的对应后，点击"确定"按钮完成导入，此时通讯录中出现已导入的联系人，如图 2-13 所示。

B	C	D	E	F	H	J
联系组	姓名	邮件地址	移动电话	联系地址	公司	公司电话
客户	张昆山	zhabgks@126.com	18912548756	昆山市柏庐路123#	柏庐水暖工程	5125555
客户	王江苏	wangjs@sina.com	13568475952	南京市龙盘路43#	南京友达公司	5241054
客户	李苏州	lisuzou@163.com	15122457524	苏州市柏庐路123#	苏州永新光电	8547565
客户	赵周庄	zhaozz@suho.com	19245875522	昆山市娄苑路169#	周庄旅游公司	6554785

图 2-11　客户信息

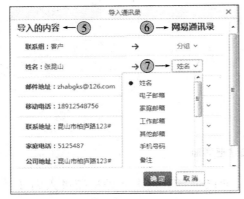

图 2-12　确定导入字段

图 2-13　选择所有联系人

（4）勾选图 2-13 的⑧处复选框，则选择所有联系人，点击⑨处对选中的所有联系人写信。输入图 2-14 中所有信息并点击"发送"按钮，完成对所有新导入联系人的群发邮件。

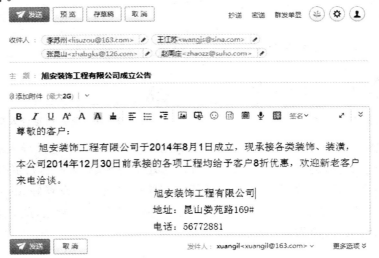

图 2-14　编辑并发送邮件

2.2.5　案例 5——使用 Microsoft Outlook 2010 完成联系人的导入与群发邮件

案例背景

您为旭安装饰工程有限公司注册了一个公用邮箱，请您将已有客户邮箱资料导入到 Outlook 2010 通讯簿中，并向所有客户发一封公司成立公告。

1. 案例目标

◆ 在 Outlook 2010 中建立"旭安装饰"帐号，对应邮件地址为案例 4 中新注册邮箱账号。

◆ 将素材（第 2 章）文档中 outlook-address. xls 文件中的所有客户信息导入到 Outlook 2010 的"联系人"中。

◆ 给新导入的所有客户发一封公司成立公告，内容同案例 4 中图 2-14。

2. 解决过程

（1）运行 Outlook，选择图 2-15 中"文件"选项卡①，选择"信息"选项②中"帐户设置"③，在"帐户设置"中选择"新建"，选择图 2-16-1"电子邮件帐户"④。在图 2-16-2 中⑤、⑥、⑦处输入"帐户名"、"邮箱地址"、"密码"，完成帐户设置。

图 2-15　帐户设置

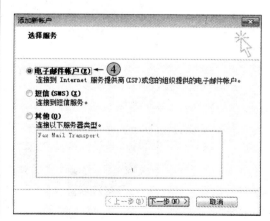

图 2-16-1　添加新帐户

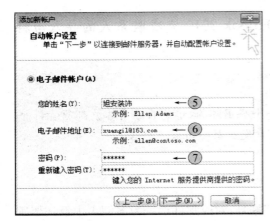

图 2 - 16 - 2　添加新帐户

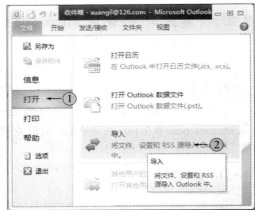

图 2 - 17　导入界面

（2）选择 Outlook 图 2 - 17 中"打开"选项①中的"导入"②，选择图 2 - 18 - 1 中③处则从一个独立文件导入信息。选择图 2 - 18 - 2 中④处的"Microsoft Excel 97 - 2003 选项"，则导入数据的来源文件为 Excel 97 - 2003 版本类型文件。下一步选择文件 outlook-address. xls 确定导入。图 2 - 19 为 outlook-address. xls 文件中的客户信息，图 2 - 20 为导入 Outlook 后的联系人信息。

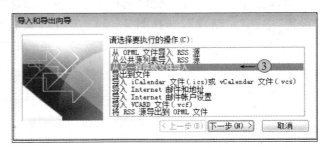

图 2 - 18 - 1　导入导出向导

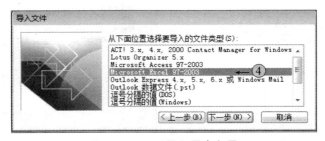

图 2 - 18 - 2　导入导出向导

名	单位	部门	商务地址街道	商务传真	移动电话	电子邮件地址
张昆山	昆山市柏庐路123#	柏庐水暖工程	昆山市柏庐路123#	5125555	18912548756	zhabgks@126.com
王江苏	南京市龙盘路43#	南京友达公司	昆山市柏庐路123#	5241054	13568475952	wangjs@sina.com
李苏州	苏州市柏庐路123#	苏州永新光电	昆山市柏庐路123#	8547565	15122457524	lisuzou@163.com
赵周庄	昆山市娄苑路169#	周庄旅游公司	昆山市柏庐路123#	6554785	19245875522	zhaozz@suho.com

图 2-19　outlook-address. xls 文件中的联系人信息

□	⑪	姓氏	名字	单位	表示为	商务传真	移动电话
			张昆山	昆山市柏庐路12…	张昆山	5125555	18912548756
			王江苏	南京市龙盘路43#	王江苏	5241054	13568475952
			李苏州	苏州市柏庐路12…	李苏州	8547565	15122457524
			赵周庄	昆山市娄苑路16…	赵周庄	6554785	19245875522

图 2-20　导入的联系人

（3）选择图 2-21 工具栏中"新建项目"下拉菜单①，选择"电子邮件"②，进入图
2-23 编辑邮件界面。选择"收件人"③打开如图 2-22 所示的"选择联系人"界面，
双击图 2-22 中④处的联系人则选中该联系人。当完成所有联系人的选择后，点击
"确定"按钮返回图 2-23 编辑邮件界面。按要求输入邮件主题与内容（同案例 4 中
图 2-14），点击"发送"⑤按钮则完成邮件的群发。

图 2-21　新建邮件

图 2-22　选择联系人

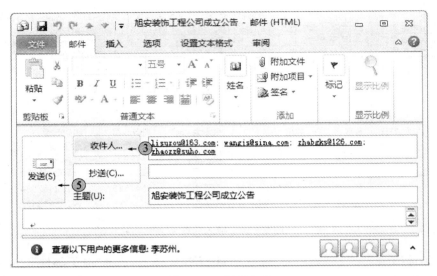

图 2 - 23 编辑邮件

2.3 基础训练篇

1. 打开网易主页,地址:http://www.163.com,进入"军事"栏目,并将它以 html 的格式保存到本地桌面,命名为"163.html"。

2. 某企业网站的主页地址是:http://www.allchinacom.com,打开主页,进入"企业管理"页面,并将它以 html 的格式保存到本地桌面,命名为"ie9.html"。

3. 打开百度,地址:http://www.baidu.com 输入"奥迪汽车"点击"百度一下"搜索网页,将搜索到的"奥迪汽车_百度百科"结果中"品牌概述"中一段的文字内容复制到"奥迪.txt"文本文件中,并保存到本地桌面。

4. 使用"百度搜索"查找篮球运动员姚明的个人资料,将网页保存成文本文件"姚明个人资料.txt",并放在本地桌面。

5. 使用 Outlook 2010 设置 E-mail 帐户,将 QQ 邮箱设置到 Outlook 中,设置完成后给同学的 QQ 邮箱发一封主题为"成功设置 QQ 邮箱"的电子邮件。

6. 向李宁发一个 E-mail,并将素材(第 2 章)文件夹下的一个 Word 文档 split.doc 作为附件一起发出去。具体要求如下:

收信人:Lining@bj163.com

抄送：xuangil@126.com

主题：操作规范

邮件内容：发去一个操作规范，具体见附件。

7. 使用 Outlook 2010 给张明（zhangming@sogou.com）发送邮件，插入附件"关于节日安排的通知.doc"，并使用"密件抄送"将此邮件发送给邮箱帐号为 benlinus@sohu.com 的联系人，并将其 E-mail 地址添加到 Outlook 联系人中。

2.4　拓展训练篇

1. 用 Outlook 2010 添加帐户：旭安装饰，邮箱帐号 xuangil@126.com，密码：qwerty。用 xuangil@126.com 邮箱帐号向部门经理王强（wangqing@163.com）发一封电子邮件，并将 plan.doc 作为附件一起发送，同时抄送给总经理柳先生（Mrliu@163.com）。

2. 在 www.126.com 网站注册一个邮箱，用户名和密码自拟，用新注册邮箱给自己发送一封主题为"测试邮件"的邮件，并查收该邮件。

3. 将素材（第 2 章）文档中 outlook-address.xls 文件中的所有客户信息添加到 Outlook 2010 联系人中，向新导入的所有客户发送一封"联谊会邀请函"，具体要求如下：

主题：2014 企业联谊会邀请函

函件内容：定于 2014 年 9 月 2 日在旭安装饰公司召开"2014 企业联谊会"，希望贵公司派人参加。

第 3 章　Word 2010 的使用

3.1　知识要点

Word 2010 文字处理软件的知识要点如图 3-1 所示。

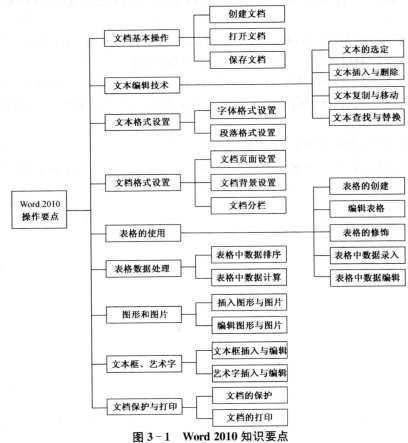

图 3-1　Word 2010 知识要点

3.2　案例解析

3.2.1　案例 1——制作班级公约

案例背景

　　李林 2013 年 9 月成为江苏城市职业学院报关与国际货运专业的一名新生,进入大学后,李林通过竞聘成为了班长,同时她还加入羽毛球社,认识了许多新同学。李林最近发现班级里部分同学有迟到的现象,为了扼制这种情况,李林召开了一次班委会讨论这个问题,并与班主任进行了沟通,决定制定一份班级公约。

1. 案例目标

　　本例将针对上述的案例背景,制定一份班级公约,并对班级公约文档进行规范的格式设置,让文档条理分明,便于阅读。

　　本例制作的班级公约效果如图 3-2 所示,主要表现为:

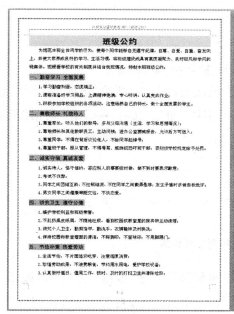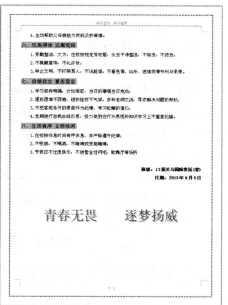

图 3-2　班级公约文档效果

◆ 标题、正文的字体、字号有较明显的区别；

◆ 设置段落的间距、行距能便于阅读；

◆ 为标题设置了阴影，设置了页眉和页脚、页面边框使文档更美观；

◆ 在文档最后增加班级的口号，凸显出班级的个性。

2. 制作思路

根据提供的素材文档，本例主要是对文档的文字、段落、页面等进行设置，所以可以分为5大步进行：

◆ 对文档标题和二级标题的字体、字号、对齐方式以及底纹效果进行设置；

◆ 正文文本进行统一的字体和段落设置，主要是段落缩进、段落间距、行间距等进行设置；

◆ 设置文档的页面布局，文档的页边距；

◆ 设置文档的页眉和页脚，美化文档并使其便于阅读；

◆ 在文档尾部插入艺术字并进行格式设置；

在本例中，我们提供了班级公约的文本文档作为素材，在此基础上综合运用本章所学知识，将其编辑排版成条理清楚的文档整体。

3. 制作过程

（1）设置各级标题样式

打开文档"素材（第3章）\班级公约案例\班级公约.docx"。

① 设置文档标题格式。选中文档标题"班级公约"，在"开始"选项卡"字体"组中设置字体为"黑体"，字号为"二号"，然后点击字体"加粗"按钮 **B**。在"段落"组中点击"居中对齐"按钮 ☰，如图3-3所示。

图3-3　文档标题格式设置

② 设置文档标题样式。选中文档标题"班级公约"，在"段落"组中点击按钮 ▦▾ 的下三角按钮，在打开的列表框中点击 ▦ 边框和底纹(O)...，打开"边框和底纹"对话框，切换至"底纹"选项卡下。选择填充颜色"橄榄色，强调文字颜色3，淡色60％"，然

后设置"应用于"为"段落",如图 3 - 4 所示,最后点击"确定"按钮。

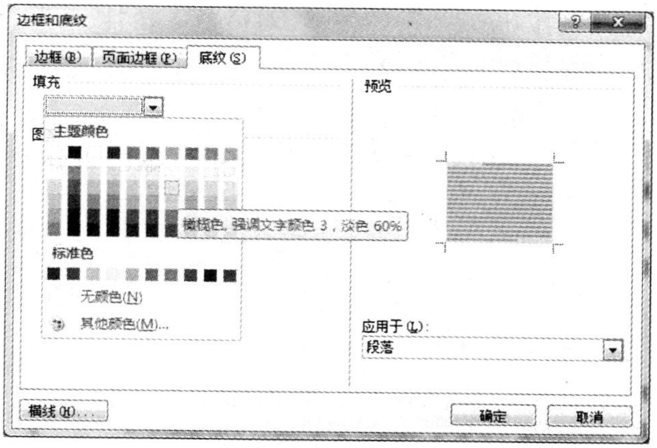

图 3 - 4 文档标题样式设置

③ 设置二级标题格式。文档标题格式设置完后,鼠标在文档任意空白处点击,然后按下键盘上"Ctrl"键,点击鼠标左键分别选中文档中的八个二级标题(一、勤奋学习 全面发展,二、尊敬师长 礼貌待人……八、生活有序 文明休闲)。在"开始"选项卡"字体"组中设置字体为"黑体",字号为"小四",然后点击字体"加粗"按钮 **B** 。

④ 设置二级标题样式。选中文档中的八个二级标题,在"段落"组中点击按钮 的下三角按钮,在打开的列表框中点击 边框和底纹(O)... ,打开"边框和底纹"对话框,切换至"底纹"选项卡下。选择填充颜色为"水绿色,强调文字颜色 5,淡色 40%",然后设置"应用于"为"文字",如图 3 - 5 所示,最后点击"确定"按钮。

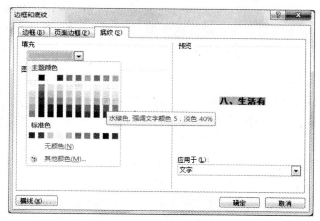

图 3 - 5 二级标题样式设置

⑤ 设置各级标题行间距。选中文档标题"班级公约"和八个二级标题，点击"开始"选项卡"段落"组中的按钮 ⌐ᵧ，打开"段落"对话框。在"段落"对话框中设置段前和段后距为 0.5 行，行距设置为 1.5 倍行距，如图 3－6 所示，最后点击"确定"按钮。

图 3－6　二级标题段落格式设置

（2）设置正文及落款格式

① 设置正文格式。选中除文档标题"班级公约"、八个二级标题和文档尾部落款两行外的其余文本，在"开始"选项卡"字体"组中设置字体为"宋体"，字号为"五号"。

点击"开始"选项卡"段落"组中的按钮 ⌐ᵧ，打开"段落"对话框。在"段落"对话框中设置行距为 1.5 倍行距，特殊格式为首行缩进 2 字符，然后点击"确定"按钮。

② 设置落款格式。选中文档尾部落款两行，在"开始"选项卡"字体"组中设置字体为"宋体"，字号为"小四"，在"段落"组中点击"右对齐"按钮 ☰。

（3）设置页面布局

① 设置页边距。切换至"页面布局"选项卡，在"页面设置"组中点击"页边距"，在出现的列表框中点击"适中"，如图 3－7 所示。

② 设置页面边框。在"段落"组中点击按钮 ⬜• 的下三角按钮，在打开的列表框中点击

图 3－7　设置页边距

⬜ 边框和底纹(O)...，打开"边框和底纹"对话框，切换至"页面边框"选项卡。设置样式

为"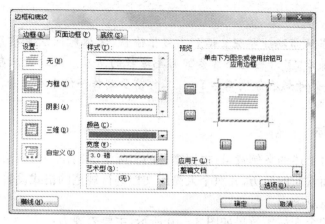"，颜色为"蓝色，强调文字颜色 1"，最后点击"确定"按钮，如图 3-8 所示。

图 3-8　设置页面边框

（4）设置页眉和页脚

① 设置页眉。点击"插入"选项卡"页眉和页脚"组中的"页眉"，在出现的列表框中点击"空白"型，然后会自动加载"页眉和页脚工具"选项卡组。在"页眉和页脚工具"选项卡组"设计"选项卡下选中"奇偶页不同"，如图 3-9 所示。然后在奇数页页眉中输入"13 报关与国际货运（普）《班级公约》"，在偶数页

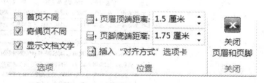

图 3-9　设置页眉参数

页眉中输入"共同遵守　共同进步"。然后点击"关闭页眉和页脚"按钮即可看到设置的页眉效果。

② 设置页脚。点击"插入"选项卡"页眉和页脚"组中的"页码"，然后鼠标移至"页面底端"，然后在出现的列表中点击"加粗显示的数字 2"，即可在页脚中插入页码。然后点击"关闭页眉和页脚"按钮即可看到设置的页脚效果。

（5）添加并设置艺术字格式

在文档尾部点击鼠标左键，点击"插入"选项卡"文本"组中的"艺术字"，在艺术字列表中点击"填充-红色，强调文字颜色 2，暖色粗糙棱台"，然后在艺术字框中输入文本"青春无畏　追梦扬威"，按住鼠标左键拖动艺术字的外边框至水平居中位置。

文档编辑完成后，点击快速访问工具栏的图标，保存文件。

3.2.2　案例2——制作个人简历

案例背景

李林在江苏城市职业学院生活和学习很愉快，上课时间认真学习，课外时间及寒暑假在校外兼职，另外她也经常参加羽毛球社的活动。经过近三年的学习，马上要大学毕业了，她开始准备找工作了，找工作前要制作一份个人简历。

1. 案例目标

本例将针对上述的案例背景，根据李林的实际情况制作一份简洁的，并且能够全面体现她各方面素质的简历，并对个人简历文档进行规范的格式设置，让文档整体美观、条理分明、重点突出。

本例制作的个人简历效果如图3-10所示，主要表现为：

个人简历

李　林

联系电话：18912689***　　　　E-mail:123@126.com

通信地址：江苏省昆山市娄苑路169号（030006）

性别：女　　出生日期：1996年3月6日　　毕业时间：2016年7月

【求职意向】采购员、助理业务跟单、外贸/贸易专员/助理、行政专员/助理等

【教育背景】2013年9月至2016年7月　江苏城市职业学院昆山办学点　　报关与国际货运专业

【社会实践经历】

◆ **2014.7-2015.6　昆山市邦达国际货运代理有限公司（兼职）**
（负责部门日常事务管理、资料管理，以及销售数据处理等）

◆ **2015.7-2015.12　飞力国际货运有限公司（实习）**
（任行政部门经理助理，负责公司日常事务）

【专业技能】

➤ **货运代理单证的准备与管理：**具备处理各种货运单证能力，包括对单证的接受、分析、审核、填制、复核和保管；

➤ **货代作业实施与管理：**能够完成提货订舱、提交发货、出入库、拼拆箱、装卸车、接驳等；进出口货运代理流程中主要环节的操作。

➤ **报关单证的准备与管理：**具备处理各种报关单证能力，接受、分析、审核、填制、复核、保管；

➤ **报关作业实施与管理：**具备完成所有海关监管模式下的报关现场作业核审批作业、递单、打单、缴纳税费、配合查验、结关，以及备案申请、报核销案事项和手续的办理，转关运输办理等事宜，并跟踪相关事宜。

【获奖及证书】

◆ **英语四级：**具备良好的听、说、读、写能力；

◆ **计算机：**获全国计算机等级考试一级MS Office证书，熟练使用MS Office办公软件，擅长使用Excel进行数据分析和处理以及制作各类电子报表和图表，并擅长使用PowerPoint制作各类PPT文件；

◆ **国际商务单证员证书、助理物流师证书；**

◆ **2014.1获"文明学生"称号；2014.10年获"优秀社团干部"称号；**

【自我评价】

✓ 本人性格开朗，心理承受能力强，遇到压力能自我减压；

✓ 为人谦逊有礼，喜欢接受新鲜事物，工作认真细致，承担责任，能积极主动地发现不足，并努力寻找解决问题的办法，以使工作做得尽可能完美。

图3-10　个人简历样张

◆ 标题、正文的重点内容、字号有较明显的区别；

◆ 使用表格，并对表格进行格式和样式设置增加美观性；

◆ 设置段落的间距、行距能便于阅读；

◆ 使用两种不同的项目符号对内容进行排版，重点突出。

2. 制作思路

根据提供的素材文档，本例主要是对文档的文字、段落、页面等进行设置，所以可以分为 5 大步进行：

◆ 在文档中插入表格，并对表格进行编辑；

◆ 将简历内容移至表格内适当位置；

◆ 对标题和简历内容进行字体、字号、对齐方式的设置；对段落缩进、行间距等进行设置；

◆ 对部分内容设置项目符号；

◆ 调整表格的行高、列宽及边框样式。

在本例中，我们提供了个人简历的文本文档作为素材，在此基础上综合运用本章所学知识，将其编辑排版成条理清楚的文档整体。

职场充电：制作简历时应注意以下几点：

1. 使用普遍认知的措辞

简历中所提及的关键字应尽量使用普遍认知的措辞，如职务名称等。这样做才能让 HR 更容易用系统搜索到你。

2. 相关经验要重点突出

在简历中突出自己的行业经验，并附成功案例，会很有说服力。在填写时应针对招聘企业岗位的需求，在简历中重点强调之前工作经历中相关的工作职责和完成情况，内容的体现要主动迎合招聘岗位的需求，体现出自己有能力胜任这份工作。

3. 职业证书很重要

证书不仅能用来突显自己的专业度，很多岗位是必须拥有"职业资格证书"才能上岗。因此尽可能将证书的资讯填写完整，可以让 HR 增加对你的好感度。

3. 制作过程

（1）制作表格

打开文件"素材（第 3 章）\个人简历案例\个人简历. docx"。

① 插入表格。在文档的第二行空白处点击鼠标左键,然后点击"插入"选项卡下的"表格"按钮,然后在列表框中点击"插入表格"命令。在弹出的"插入表格"对话框中设置列数为 1,行数为 10,如图 3-11 所示。

图 3-11　插入表格　　　　　　　　图 3-12　拆分单元格

② 编辑表格。把鼠标移至表格第一行左侧,当鼠标指针形状变为 ⚟ 时点击鼠标左键,选中表格第一行。然后点击"布局"选项卡下的"拆分单元格"命令,弹出"拆分单元格"对话框,在该对话框中设置将第一行拆分为两列,如图 3-12 所示。

（2）文本及标题编辑

选中简历中个人基本信息和求职意向的内容,然后在选中的内容上单击鼠标右键,选择"剪切"命令,然后到第一行左侧表格中单击鼠标右键,选择"粘贴"命令。请参考图 3-10,使用剪切和粘贴命令把个人简历的内容移至表格中适当的位置。

（3）文本格式设置

① 标题格式设置。选中标题"个人简历",然后在"开始"选项卡"字体"组中设置字体为"楷体",字号为"二号";在"段落"组中点击"居中对齐"按钮 ☰,如图 3-13所示。

图 3-13　文本格式设置

② 简历内容格式设置。在表格第一行中,选中"李林",然后在"开始"选项卡"字体"组中设置字体为"楷体",字号为"三号"。选中"求职意向",设置字体为"楷体",字号为"小四"。

　　在表格第二行中,选中"教育背景",然后在"开始"选项卡"字体"组中设置字体为"楷体",字号为"小四"。使用同样的方法设置第三、五、七、九行的文本内容字体为"楷体",字号为"小四"。

　　(4)设置项目符号

　　① 为社会实践内容设置项目符号。在表格第四行中,按下键盘上的 Ctrl 键选中第一行和第三行文本,然后点击"开始"选项卡下"段落"组中的 下三角按钮,在展开的项目符号中点击符号◆,如图 3-14 所示。

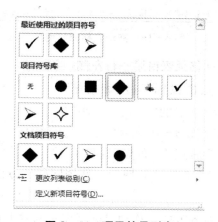

图 3-14　项目符号列表

　　在第一行文本中点击鼠标左键,然后点击"开始"选项卡下"段落"组中的增加缩进量 按钮。

　　② 为专业技能内容设置项目符号。在表格第六行中,按 Ctrl 键选中第一、三、五、六行文本,然后点击"开始"选项卡下"段落"组中的按钮 的下三角按钮,在展开的项目符号中点击符号➤。

　　③ 为获奖及证书内容设置项目符号。在表格第八行中,按 Ctrl 键选中第一、二、四、五行文本,然后点击"开始"选项卡下"段落"组中的按钮 的下三角按钮,在展开的项目符号中点击符号◆。

　　④ 为自我评价内容设置项目符号。在表格第十行中,按 Ctrl 键选中第一、二行文本,然后点击"开始"选项卡下"段落"组中的按钮 的下三角按钮,在展开的项目符号中点击符号✓。

（5）简历美观修饰

① 调整表格宽度。在第一行中，用鼠标点击中间的表格线，拖动鼠标移动表格线，适当调整两侧表格的宽度（右侧表格用于贴照片，可以适当窄一些），如图 3-15 所示。

图 3-15　拖动表格调整宽度

② 设置行高。把鼠标移至表格第一行左侧，当鼠标指针形状变为 ↗ 时点击鼠标，选中表格第一行。然后点击"布局"选项卡下的"单元格大小"组内设置行高为 4.4 厘米，如图 3-16 所示。

图 3-16　设置行高

选中表格第二行。然后点击"布局"选项卡下的"单元格大小"组内设置行高为 0.8 厘米。使用同样的方法设置第三、五、七、九行的行高为 0.8 厘米。

③ 设置表格内文本对齐方式。移动鼠标至表格的左上角，点击图标 ⊕，选中整个表格。然后在表格上点击鼠标右键，鼠标移至菜单的"单元格对齐方式"，点击图标 ☰（中部两端对齐）。

④ 设置表格边框格式。移动鼠标至表格的左上角，点击图标 ⊕，选中整个表格。在"设计"选项卡中点击按钮 边框▾ 的下三角按钮，在打开的列表框中点击 ☐ 边框和底纹(O)… ，打开"边框和底纹"对话框。然后在右侧的预览区，点击左侧、右侧和下侧边框，不显示左侧、右侧和下侧的边框，如图 3-17 所示。

⑤ 设置表格第一行边框格式。把鼠标移至表格第一行左侧，当鼠标指标形状变为 ↗ 时点击鼠标左键，选中表格第一行。在"设计"选项卡中点击按钮 ☐ 边框▾ 的下三角按钮，在打开的列表框中点击 ☐ 边框和底纹(O)… ，打开"边框和底纹"对话框。然后在右侧的预览区，点击右侧边框，此时显示出右侧边框，如图 3-18 所示。

图 3-17　设置表格边框　　　　　　图 3-18　设置表格第一行边框

⑥ 在简历制作的最后，可适当调整部分行的行高，使布局美观。

（6）简历制作完成后，保存文件

3.2.3　案例 3——制作宣传海报

案例背景

　　为了使学生更好地进行职场定位和职业准备，提高就业能力，李林所在学校的招生就业处将于 2016 年 4 月 27 日（星期三）19：30～21：30 在校文体中心礼堂举办题为"领慧讲堂——大学生人生规划"就业讲座，特别邀请资深媒体人、著名艺术评论家赵覃先生担任演讲嘉宾。招生就业处的负责人找到李林请她利用 Microsoft Word 制作一份海报。

1. 案例目标

　　本例将针对上述的案例背景，制作一份海报，并对海报进行规范的格式设置，让文档条理分明，便于阅读。

　　本例制作的海报效果如图 3-19 所示，主要表现为：

◆ 标题、正文的字体、字号有较明显的区别；

◆ 设置段落的间距、行距能便于阅读；

◆ 利用表格说明日程安排，使用图文混排来呈现内容，使文档更美观。

图 3 - 19　最终设计文件参考

2. 制作思路

根据提供的素材文档,利用 Word 的图文混排功能制作一份以就业为主题的宣传海报。本例主要是对文档的文字、段落、页面等进行设置,所以可以分为 5 大步进行:

◆ 页面设置:调整页边距,使文档整体协调美观;

◆ 设置页面背景：为文档增加页面背景，增添海报的美观度；

◆ 文本格式设置：凸显海报重要信息，醒目同时又便于阅读；

◆ 表格修饰：利用表格来呈现"日程安排"内容，条理清楚，美观且便于阅读；

◆ "报告人简介"图文混排：多样式、多角度呈现内容。

在本例中，我们提供了就业讲座宣传海报案例的文本文档作为素材，在此基础上综合运用本章所学知识，将其编辑排版成条理清楚的文档整体。

职场充电：如何制作宣传海报

不管是组织活动还是宣传产品，都需要制作宣传海报。制作一张精美醒目的宣传海报可遵循以下步骤：

1. 确定中心思想。要想好宣传的中心主题，所有设计围绕这个主题进行。

2. 打草稿。把计划的内容画在草稿纸上，可以设计几套方案供自己选择。

3. 定主色调。在草稿上把大体的色调勾勒一下，找到自己理想的颜色。

4. 调整整体结构。设计要以突出主题为目的，调整一下海报的整体结构。

5. 强调宣传标语。在结构和色彩上都要强调宣传标语，突出宣传思想。

3. 制作过程

打开文件"素材（第 3 章）\就业讲座宣传海报案例\Word—海报.docx"。

（1）页面设置

点击"页面布局"选项卡"页面设置"组中的"页边距"，在出现的列表框中点击"窄"。

（2）设置页面背景

点击"页面布局"选项卡"页面背景"组中的"页面颜色"，在出现的列表框中点击"填充效果"，如图 3-20 所示。

在新打开的"填充效果"对话框中，切换至"图片"选项卡，点击"选择图片"按钮，在"选择图片"对话框中，选择"素材（第 3 章）\就业讲座宣传海报案例\Word—海报背景图片.jpg"，然后点击"确定"按钮。

在"填充效果"对话框中，可以看到所选图片缩略图，如图 3-21 所示。点击"确定"按钮，文档的页面背景设置成功。

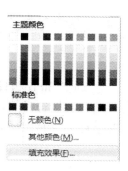

图 3-20　主题颜色

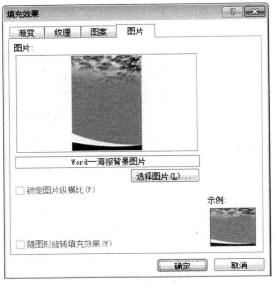

图 3 - 21　"填充效果"对话框

（3）文本格式设置

① 在"报告人："位置后面输入报告人姓名"赵萱"。

② 选中文档第一行文本"'领慧讲堂'就业讲座"，在"开始"选项卡下"字体"组中设置文本字体为"黑体"、字号为"初号"、字体加粗。设置段落对齐方式为"居中对齐"，如图 3 - 22 所示。

图 3 - 22　标题格式设置

③ 选中"报告题目："，按下键盘上的 Ctrl 键，再依次用鼠标选中"报 告 人："、"报告日期："、"报告时间："、"报告地点："，然后在"开始"选项卡下设置文本字体为"黑体"，字号为"初号"，字体加粗，字体颜色为"深蓝，文字 2"，如图 3 - 23 所示。

图 3 - 23　文本字体格式设置

　　然后点击"开始"选项卡"段落"组中的按钮 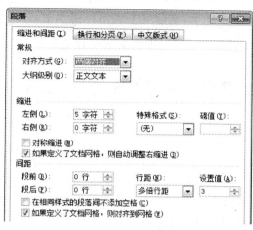，打开"段落"对话框。在"段落"对话框中设置缩进-左侧为 5 字符，行距设置为多倍行距，如图 3-24 所示。然后点击"确定"按钮。

图 3-24　段落格式设置

　　选中"大学生人生规划"，按下键盘上的 Ctrl 键，再依次用鼠标选中"赵蕈"、"2016 年 4 月 27 日（星期三）"、"19:30-21:30"、"校文体中心礼堂"，然后在"开始"选项卡下"字体"组中设置文本字体为"黑体"，字号为"初号"，字体加粗，字体颜色为"白色，背景 1"。

　　④ 选中文本"欢迎大家踊跃参加！"，在"开始"选项卡下"字体"组中设置文本字体为"华文行楷"，字号为"初号"，字体加粗。设置段落对齐方式为"居中对齐"，如图 3-25 所示。

图 3-25　文本格式设置

　　⑤ 选中"日程安排："，按下键盘上的 Ctrl 键，再用鼠标选中"报告人介绍："，在"开始"选项卡下"字体"组中设置文本字体为"黑体"，字号为"三号"，字体加粗。

　　（4）表格修饰

　　① 移动鼠标至表格的左上角，点击图标 ，选中整个表格。在"设计"选项卡，

点击表格样式列表的下三角按钮 ，在展开的表格样式列表中点击"浅色列表-强调颜色5"。

② 在"绘图边框"组中，点击线形，选第一行实线，线形粗细选0.5磅，笔颜色选"深蓝，文字2"，如图3-26所示，然后点击表格样式中的按钮 的下三角按钮，在展开的列表中点击 田 所有框线(A) ，即可为表格设置框线。

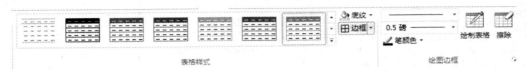

图 3-26　表格边框设置

（5）"报告人简介"图文混排

① 选中文档最后一段文本，在"开始"选项卡下"字体"组中设置文本字体为"宋体"，字号为"四号"，字体颜色为"白色"。

② 选中文档最后一段文本，在"页面布局"选项卡中的"页面设置"组中点击"分栏"按钮，在展开的列表中点击"两栏"，如图3-27所示。

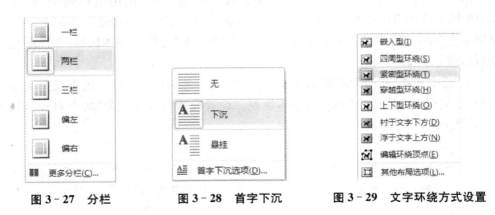

图 3-27　分栏　　　图 3-28　首字下沉　　　图 3-29　文字环绕方式设置

③ 在最后一段文本任意位置点击鼠标左键，然后点击"插入"选项卡下"文本"组中的"首字下沉"，在展开的列表中，点击"下沉"，如图3-28所示。

④ 点击文档尾部的图片，然后点击"格式"选项卡下"排列"组中的"自动换行"，在展开的列表中，点击"紧密型环绕"，如图3-29所示。参考样张，拖动图片至合适的位置。

⑤ 保存文件。

3.2.4　案例 4——制作商务邀请函

案例背景

李林所在的海龙公司定于 2016 年 12 月 22 日下午 2:00，在苏州市海龙大厦办公大楼五层多功能厅举办一个联谊会，重要客人名录保存在一个名为“重要客户名录.docx”的 Word 文档中，公司联系电话是 0512－66668888。总经理请李林帮忙制作一份邀请函。

1. 案例目标

本例将针对上述的案例背景，制定一个邀请函模版文档，并对文档进行规范的格式设置，让文档条理分明，便于阅读，然后利用邮件合并功能将客户名单导入邀请函模版文档中，自动生成每个客户的邀请函。

本例制作的邀请函模版文档效果如图 3－30 所示，主要表现为：

◆ 标题、正文的字体、字号有较明显的区别；

◆ 设置段落的间距、行距能便于阅读；

◆ 文档符合邀请函的格式要求。

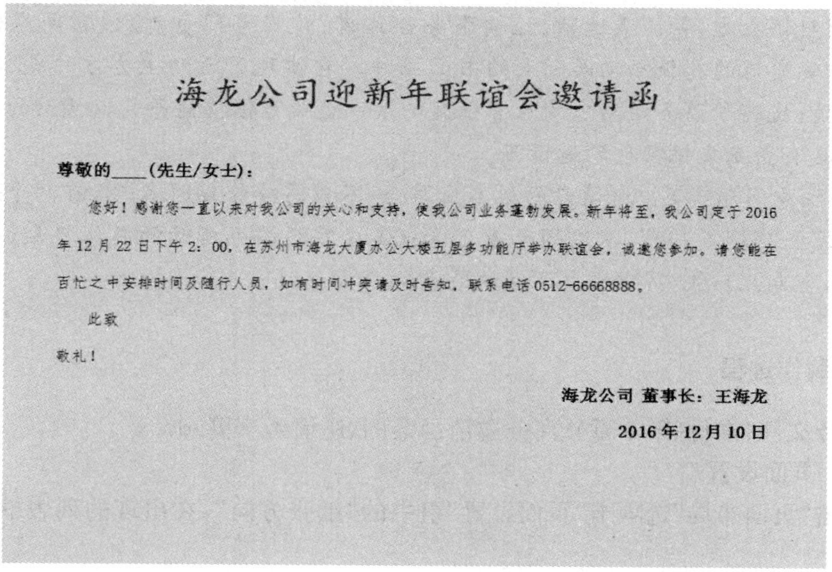

海龙公司迎新年联谊会邀请函

尊敬的____(先生/女士)：

您好！感谢您一直以来对我公司的关心和支持，使我公司业务蓬勃发展。新年将至，我公司定于 2016 年 12 月 22 日下午 2：00，在苏州市海龙大厦办公大楼五层多功能厅举办联谊会，诚邀您参加。请您能在百忙之中安排时间及随行人员，如有时间冲突请及时告知，联系电话 0512-66668888。

此致

敬礼！

海龙公司 董事长：王海龙

2016 年 12 月 10 日

图 3－30　邀请函模版文档

2. 制作思路

◆ 对邀请函进行适当的排版,具体要求:改变字体,加大字号,且标题部分("邀请函")和正文部分(以"尊敬的×××"开头)采用不同的字体和字号;加大行间距和段间距;对必要的段落改变对齐方式,适当设置左、右及首行缩进,以美观且符合中国人阅读习惯为准;

◆ 运用邮件合并功能制作内容相同、收件人不同(收件人为"重要客人名录.docx"中的每一个人,采用导入方式)的多份邀请函,要求先将合并主文档以"邀请函1.docx"为文件名进行保存,进行效果预览后再生成可以单独编辑的单个文档"邀请函2.docx"。

在本例中,我们提供了邀请函的文本文档作为素材,在此基础上综合运用本章所学知识,将其编辑排版成条理清楚的文档整体。

职场充电:如何制作商务邀请函

1. 邀请函是邀请亲朋好友或知名人士、专家等参加某项活动时所发的请约性书信。要注意简洁明了,看懂就行,不要太多文字。一般来说,商务礼仪活动邀请函的文本内容包括两部分:邀请函的主体内容和邀请函的回执。

2. 商务礼仪活动邀请函是商务礼仪活动主办方为了郑重邀请其合作伙伴(投资人、材料供应方、营销渠道商、运输服务合作者、政府部门负责人、新闻媒体朋友等)参加其举行的礼仪活动而制发的书面函件。它体现了活动主办方的礼仪愿望、友好盛情;反映了商务活动中的人际社交关系。企业可根据商务礼仪活动的目的自行撰写具有企业文化特色的邀请函。

3. 注意问题:① 被邀请者的姓名应写全,不应写绰号或别名;② 在两个姓名之间应该写上"暨"或"和",不用顿号或逗号;③ 应写明举办活动的具体日期(某年某月某日,星期几);④ 写明举办活动的地点。

3. 制作过程

打开文件"素材(第3章)\商务邀请函案例\邀请函草稿.docx"。

(1)页面设置

点击"页面布局"选项卡"页面设置"组中的"纸张方向",在出现的列表框中点击"横向"。

点击"页面布局"选项卡"页面设置"组中的"页边距",在出现的列表框中点击"适中"。

（2）设置页面背景

点击"页面布局"选项卡"页面背景"组中的"页面颜色"，在出现的列表框中点击主题颜色下的"水绿色，强调文字颜色 5，淡色 60％"，如图 3-31 所示。

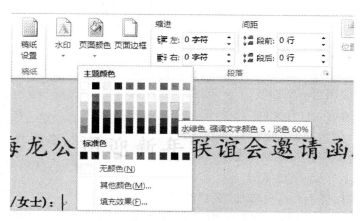

图 3-31　主题颜色

（3）文档标题格式设置

选中文档第一行文本"海龙公司迎新年联谊会邀请函"，在"开始"选项卡下"字体"组中设置文本字体为"楷体"，字号为"小初"，字体加粗，字体颜色为"红色"。设置段落对齐方式为"居中对齐"。

（4）邀请函正文格式设置

① 选中邀请函正文第一行文本"尊敬的_____（先生/女士）："，在"开始"选项卡下"字体"组中设置文本字体为"宋体"，字号为"小二"，字体加粗。

② 选中邀请函正文最后两行文本，在"开始"选项卡下"字体"组中设置文本字体为"宋体"，字号为"小二"，字体加粗；对齐方式设为右对齐。

③ 选中邀请函正文第二、三、四段，在"开始"选项卡下"字体"组中设置文本字体为"仿宋"，字号为"三号"。

④ 选中邀请函正文第二、三段，点击"开始"选项卡"段落"组中的按钮 ，打开"段落"对话框。在"段落"对话框中设置特殊格式为"首行缩进 2 字符"，然后点击"确定"按钮。

⑤ 点击"文件"选项卡下的"另存为"命令。在弹出的"另存为"对话框中，设文件名为"邀请函 1. docx"，文件的保存路径为"素材（第 3 章）\商务邀请函案例\"目

录下。

（5）对邀请函进行邮件合并

在"邀请函 1. docx"文档中，点击"邮件"选项卡下的"开始邮件合并"，然后在出现的列表中点击"邮件合并分步向导"，如果 3 - 32 所示。在文档窗口右侧会出现"邮件合并"窗格。

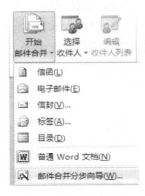

图 3 - 32　邮件合并

在文档右侧导航栏中，以此进行以下操作：

① 选择文档类型"信函"-"下一步：正在启动文档"；

② 勾选"使用当前文档"-"下一步：选择收件人"；

③ 点击"浏览"，打开文件"素材（第 3 章）\商务邀请函案例\重要客人名录. docx"，然后"确定"；

④ 选择需要生成的客户列表，然后"确定"；

⑤ 点击"下一步：撰写信函"；

⑥ 先将鼠标插入到需要添加"客户姓名"的位置（邀请函正文第一行文本"尊敬的"后），选择"其他项目"，选择"客户姓名"列名，然后"插入"-"取消"，如图 3 - 33 所示；

⑦ 点击"下一步：预览信函"；

⑧ 点击"下一步：完成合并"，选择"编辑单个信函"，将新的信函另存为"邀请函 2. docx"，文件保存在"素材（第 3 章）\商务邀请函案例\"目录下。

图 3 - 33　插入合并域

3.3　基础训练篇

一、打开文件"素材（第 3 章）\Word 基础训练\WORD1. docx"，按要求完成以下操作。

1. 将文中所有错词"漠视"替换为"模式"；将标题段文字"8086/8088CPU 的最大模式和最小模式"的中文设置为黑体，英文设置为 Arial Unicode Ms 字体、红色、四号，字符间距加宽 2 磅，标题段居中。

2. 将正文各段文字"为了……协助主处理器工作的。"的中文设置为五号仿宋、英文设置为五号 Arial Unicode Ms 字体；各段落左、右各缩进 1 字符、段前间距为0.5 行。

3. 为正文第一段文字"为了……模式"中的"CPU"加一脚注："Central Process Unit"。为正文第二段文字"所谓最小模式……名称的由来。"和第三段文字"最大模式……协助主处理器工作的。"分别添加编号(1)、(2)。

4. 保存文档。

二、打开文件"素材(第 3 章)\Word 基础训练\WORD2. docx",按要求完成以下操作。

1. 在表格最后一行的"学号"列中输入"平均分";并在最后一行相应单元格内填入该门课的平均分。将表中的第二至第六行按照学号的升序排序。

2. 表格中的所有内容设置为五号宋体、水平居中;设置表格列宽为 3 厘米、表格居中;设置外框线为 1.5 磅蓝色(标准色)双窄线、内框线为 1 磅蓝色(标准色)单实线、表格第一行底纹为"橙色,强调文字颜色 6,淡色 60％"。

3. 保存文件。

3.4　模拟训练篇

一、打开文件"素材(第 3 章)\Word 模拟训练\word. docx",按要求完成以下操作。

1. 将文中所有错词"小雪"替换为"小学";设置上、下页边距各为 3 厘米。

2. 将标题段文字"全国初中招生人数已多于小学生毕业人数"设置为蓝色(标准色)、三号仿宋、加粗、居中。设置为绿色(标准色)方框型边框,并将其应用到文字。

3. 设置正文各段落文字"本报北京 3 月 7 日电……教育事业统计范围。"左右各缩进 1 字符,首行缩进 2 字符,段前间距 0.5 行;将正文第三段文字"教育部有关部门……教育事业统计范围。"分为等宽两栏,栏间添加分隔线(注意:当分栏时,段落范围包括本段末尾的回车符)。

4. 将文中后 8 行文字转换成一个 8 行 4 列的表格,设置表格居中、表格各列列宽为 2.5 厘米、各行行高为 0.7 厘米;设置表格中第一行和第一列文字水平居中,其余文字中部右对齐。

5. 按"在校生人数"列(依据"数字"类型)降序排列表格内容;设置表格外框线和第一行与第二行间的内框线为 3 磅红色(标准色)单实线,其余内框线为 1 磅绿色(标准色)单实线。

6. 保存文件。

二、打开文件"素材(第 3 章)\Word 模拟训练\word2. docx",按要求完成以下操作。

1. 将标题段文字"可怕的无声环境"设置为三号红色（红色 255、绿色 0、蓝色 0）仿宋、加粗、居中、段后间距设置为 0.5 行。

2. 给全文中所有"环境"一词添加双波浪下划线；将正文各段文字"科学家曾做过……身心健康。"文字设置为小四号宋体（正文）；各段落左、右各缩进 0.5 字符；首行缩进 2 字符。

3. 将正文第一段文字"科学家曾做过……逐渐走向死亡的陷阱。"分为等宽两栏，栏宽 20 字符、栏间加分隔线。（注意：当分栏时，段落范围包括本段末尾的回车符）。

4. 制作一个 5 列 6 行表格设置在正文后面。设置表格列宽为 2.5 厘米、行高为 0.6 厘米、表格居中；设置表格外框线为红色（红色 255、绿色 0、蓝色 0，下同）3 磅单实线、内框线为红色 1 磅单实线。

5. 再对表格进行如下修改：合并第 1、2 行第 1 列单元格，并在合并后的单元格中添加一条红色 1 磅单实线的对角线（左上右下）；合并第 1 行第 2、3、4 列单元格；合并第 6 行第 2、3、4 列单元格，并将此合并后的单元格均匀分为 2 列（修改后仍保持内框线为 1 磅单实线）；设置表格的第 1、2 行为绿色（红色 175、绿色 250、蓝色 200）底纹。

3.5　拓展训练篇

一、打开文件"素材（第 3 章）\Word 拓展训练\word. docx"，按要求完成以下操作。

按照参考样式"word 参考样式. gif"完成设置和制作，如图 3-34 所示。

1. 设置页边距为上、下、左、右各 2.7 厘米，装订线在左侧；设置文字水印页面背景，文字为"中国互联网信息中心"，水印版式为斜式。

2. 设置第一段文字"中国网民规模达 5.64 亿"为标题；设置第二段落文字"互联网普及率为 42.1%"为副标题；改变段落间距和行间距（间距单位为行），使用"独特"样式修饰页面。

3. 在页面顶端插入"边线型提要栏"文本框，将第三段文字"中国经济网北京 1 月 15 日讯 中国互联网信息中心近日发布《第 31 展状况统计报告》。"移入文本框内，设置字体、字号、颜色等；在该文本的最前面插入类别为"文档信息"、名称为"新闻提要"域。

4. 设置第四至第六段文字，要求首行缩进 2 个字符。将第四至第六段的段首

"《报告》显示"和"《报告》表示"设置为斜体、加粗、红色、双下划线。

5. 将文档"附:统计数据"后面的内容转换成 2 列 9 行的表格,为表格设置样式;将表格的数据转换成簇状柱形图,插入到文档中"附:统计数据"的前面,保存文档。

新闻摘录:中国经济网北京1月15日讯 中国互联网信息中心今日发布《第31次中国互联网络发展状况统计报告》。

中国网民规模达 5.64 亿

互联网普及率为 42.1%

《报告》显示,截至 2012 年 12 月底,我国网民规模达 5.64 亿,全年共计新增网民 5090 万人。互联网普及率为 42.1%,较 2011 年底提升 3.8 个百分点,普及率的增长幅度相比上年继续缩小。

《报告》显示,未来网民的增长动力将主要来自受自身生活习惯(没时间上网)和硬件条件(没有上网设备、当地无法连网)的限制的非网民(即潜在网民),而对于未来没有上网意向的非网民,多是因为不懂电脑和网络,以及年龄太大。要解决这类人群走向网络,不仅仅是依靠单纯的基础设施建设、费用下调等手段,而且需要互联网应用形式的创新、针对不同人群有更为细致的服务模式、网络世界与线下生活更密切的结合、以及上网硬件设备智能化和易操作化。

《报告》表示,去年,中国政府针对这些技术的研发和应用制定了一系列政策方针:2月,中国 IPv6 发展路线和时间表确定;3月工信部组织召开宽带普及提速动员会议,提出"宽带中国"战略;5月《通信业"十二五"发展规划》发布,针对我国宽带普及、物联网和云计算等新型服务业态制定了未来发展目标和规划。这些政策加快了我国新技术的应用步伐,将推动互联网的持续创新。

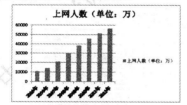

附:统计数据

年份	上网人数（单位：万）
2005 年	11100
2006 年	13700
2007 年	21000
2008 年	29800
2009 年	38400
2010 年	45730
2011 年	51310
2012 年	56400

图 3-34　word 参考样式

第 4 章 Excel 2010 的使用

4.1 知识要点

Excel 2010 电子表格处理软件的知识要点如图 4-1 所示。

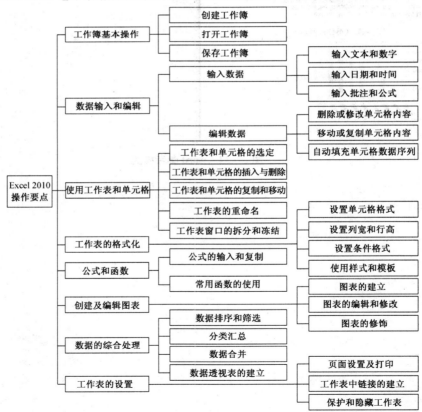

图 4-1 Excel 2010 知识要点

4.2　案例解析

4.2.1　案例 1——学生数据管理

案例背景

开学初，新生班里事务繁多，老师请来小陈帮忙将新生信息做出一份"学生花名册(学号、姓名、性别、出生年月、民族、身份证号、手机号码)"，如图 4－2 所示，小陈该怎么办？

1. 案例目标

本例将针对上述的案例背景，制作一份学生花名册，并对表格进行规范的格式设置。

本例制作的学生花名册效果如图 4－2 所示，主要表现为：

◆ 单元格格式、文字字号有较明显的区别；

◆ 为标题设置了下划线、背景色使表格更美观；

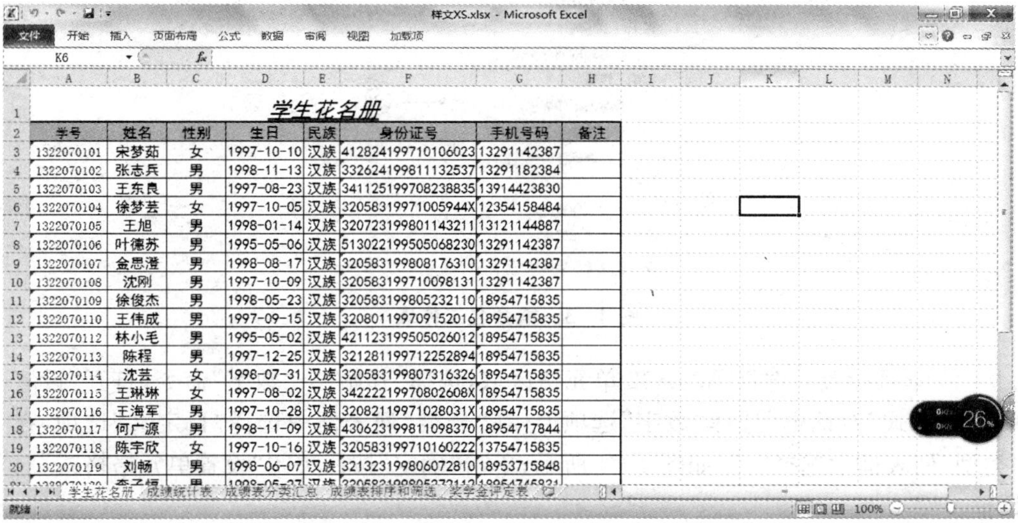

学号	姓名	性别	生日	民族	身份证号	手机号码	备注
1322070101	宋梦茹	女	1997-10-10	汉族	412824199710106023	13291142387	
1322070102	张志兵	男	1998-11-13	汉族	332624199811132537	13291182384	
1322070103	王东良	男	1997-08-23	汉族	341125199708238835	13914423830	
1322070104	徐梦芸	女	1997-10-05	汉族	32058319971005944X	12354158484	
1322070105	王旭	男	1998-01-14	汉族	320723199801143211	13121144887	
1322070106	叶德苏	男	1995-05-06	汉族	513022199505068230	13291142387	
1322070107	金思潜	男	1998-08-17	汉族	320583199808176310	13291142387	
1322070108	沈刚	男	1997-10-09	汉族	320583199710098131	13291142387	
1322070109	徐俊杰	男	1998-05-23	汉族	320583199805232110	18954715835	
1322070110	王伟成	男	1997-09-15	汉族	320801199709152016	18954715835	
1322070112	林小毛	男	1995-05-02	汉族	421123199505026012	18954715835	
1322070113	陈程	男	1997-12-25	汉族	321281199712252894	18954715835	
1322070114	沈芸	女	1998-07-31	汉族	320583199807316326	18954715835	
1322070115	王琳琳	女	1997-08-02	汉族	34222219970802608X	18954715835	
1322070116	王海军	男	1997-10-28	汉族	32082119971028031X	18954715835	
1322070117	何广源	男	1998-11-09	汉族	430623199811098370	18954717844	
1322070118	陈宇欣	女	1997-10-16	汉族	320583199710160222	13754715835	
1322070119	刘畅	男	1998-06-07	汉族	321323199806072810	18953715848	

图 4－2　学生花名册

2. 制作思路

根据提供的素材文件,本例主要是对文字、单元格格式等进行设置:

◆ 对工作表数据字体、字号、文本类型和底纹效果进行设置;

◆ 将"学生花名册"工作表格式化。

3. 制作过程

参照"素材(第 4 章)\实例样文\样文 XS. xlsx—学生花名册工作表"进行数据录入及格式设置。

(1) 设置单元格格式

① 工作表命名。选择工作表 Sheet1,选择"开始"→"格式"→"重命名工作表"命令(或双击工作表标签),将工作表 Sheet1 重命名为"学生花名册",如图 4 - 3 所示。

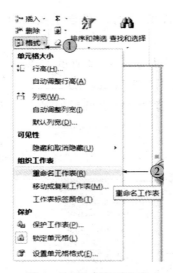

图 4 - 3　重命名工作表

② 学号设置。选择 A3:A32 单元格区域,选择"开始"→"数字"命令,打开"设置单元格格式"对话框;选择"数字"选项卡,在"分类"列表框中选择"自定义"选项,在"类型"列表框中选择"0",如图 4 - 4 所示;单击"确定"按钮关闭"设置单元格格式"对话框。

图 4-4　设置单元格格式

选择 A3：A32 单元格区域，选择"数据"→"分列"命令，在依次打开的"文本分列向导"的"第 1 步"（如图 4-5-1 所示）和"第 2 步"对话框中均单击"下一步"按钮。

打开"第 3 步"对话框，在"列数据格式"选项组中选中"文本"单选按钮，如图 4-5-2 所示；单击"完成"按钮将"学号"列由数值型数据转换为文本型数据。

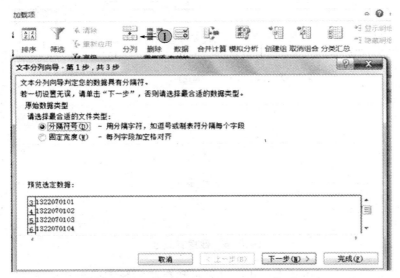

图 4-5-1　文本分别向导——第 1 步，共 3 步

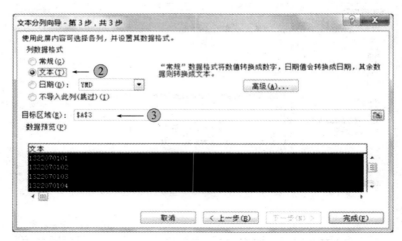

图 4 - 5 - 2　文本分列向导——第 3 步,共 3 步

③ 性别设置。选择 C3:C32 单元格区域,选择"数据"→"数据有效性"命令,打开"数据有效性"对话框;选择"设置"选项卡,在"允许"下拉列表框中选择"序列"选项,在"来源"折叠框中输入"男,女",并确保已选中"提供下拉箭头"复选框(默认为选中状态),如图 4 - 6 所示;单击"确定"按钮关闭"数据有效性"对话框。

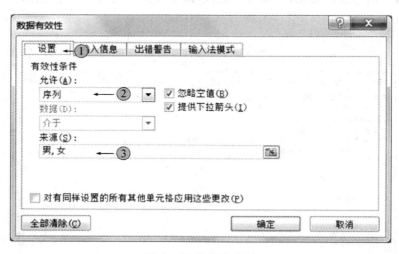

图 4 - 6　数据有效性

④ 身份证号设置。由于 Excel 可以表示和存储的数字最大精度到 15 位有效数字,对于超过 15 位整数数字的身份证号(18 位整数),Excel 会自动将第 15 位以后的

数字变为 0,从而无法用数值形式存储 18 位的身份证号。在"学生花名册"工作表中,使用文本形式来输入身份证号。

　　a. 在单元格里输入身份证号的首位之前先输入英文输入状态下的单引号"'"然后再输入身份证号。

　　b. 输入身份证号之前选择 F3:F32 单元格区域,将该区域格式设置为文本后再输入身份证号。

　　⑤ 手机号码设置:手机号码为 11 位数字,为防止手机号码输入错误,可以限制单元格只能输入长度为 11 位的字符串。

　　选择 G3:G32 单元格区域,选择"数据"→"数据有效性"命令,打开"数据有效性"对话框;选择"设置"选项卡,在"允许"下拉列表框中选择"文本长度"选项,在"数据"下拉列表框中选择"等于"选项,在"长度"折叠框中输入 11,如图 4-7 所示;单击"确定"按钮关闭"数据有效性"对话框。

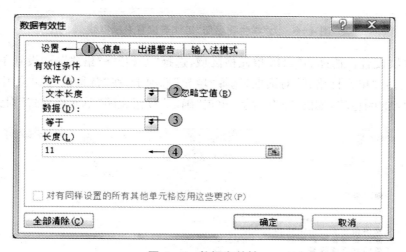

图 4-7 数据有效性

　　⑥ 边框设置。选择 A2:H32 单元格区域,选择"开始"→"格式"→"设置单元格格式"命令,打开"单元格格式"对话框;选择"边框"选项卡,在"线条—样式"选项组中选择第五行第二列的样式,在"预置"选项组中单击"外边框"按钮;再次在"线条—样式"选项组中选择第七行第一列的样式,在"预置"选项组中单击"内部"按钮,如图 4-8 所示。

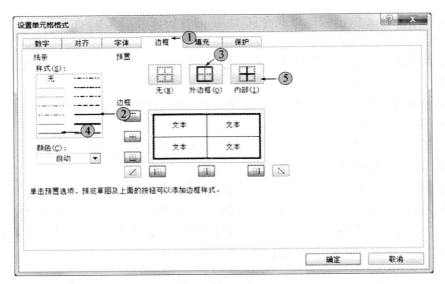

图 4-8　为"学生花名册"工作表设置表格框线

　　⑦ 底纹设置。选择 A2:H2 单元格区域,选择"开始"→"格式"→"设置单元格格式"命令,打开"单元格格式"对话框;选择"填充"选项卡,在"背景色"选项组中选择第四行第八列的颜色块,如图 4-9 所示;单击"确定"按钮关闭"单元格格式"对话框。

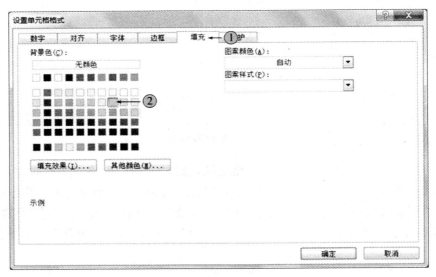

图 4-9　为"学生花名册"工作表头设置背景色

⑧ 字体设置。根据样文进行字体设置。

（2）启用记忆式键入

"民族"列的输入。由于"民族"列数据中包含较多的重复性文字，为简化输入过程，可以利用 Excel 2010 提供的"记忆式键入"功能。

选择"文件"→"选项"命令，打开"Excel 选项"对话框；选择"高级"选项卡，选中"为单元格值启用记忆式键入"复选框（默认为选中状态），如图 4 - 10 所示；单击"确定"按钮关闭"Excel 选项"对话框。

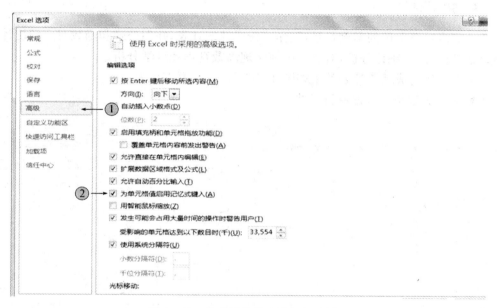

图 4 - 10　为单元格值启用记忆式键入

职场充电：销售统计员的职责

　　销售统计员是专门负责公司货物的购入、卖出量等业务统计的人员。日常工作中，他们要负责录入订单、编制与销售各种报表，为公司的运行提供及时、可靠的数据基础，作为公司制定正确销售策略的依据，此外销售人员的考勤统计也归他们负责。因此精确导入各种数据是其必备技能。

4.2.2　案例2——制作成绩统计表

案例背景

　　一个学期过去,学校组织期末考试来检验学生们的知识掌握情况,班主任要求小陈统计和分析班级期末成绩,如图4-11所示。

1. 案例目标

　　本例将针对上述的案例背景,制作一份成绩统计表,并用公式和函数对成绩统计表数据进行运算、统计分析,对学生成绩实现高效管理和科学分析。

　　本例制作的成绩统计表效果如图4-11所示,主要表现为:

◆ 学生成绩统计数据一目了然。

学号	姓名	数学	英语	物理	计应	体育	总分	平均分	排名	等级		等级	人数
												登记人数统计	
1322070101	宋梦茹	93	79	84	94	61	411	82.2	3	B		A	0
1322070102	张志兵	86	72	83	97	69	407	81.4	4	B		B	9
1322070103	王东良	92	75	84	98	82	431	86.2	1	B		C	13
1322070104	徐梦荟	79	72	79	99	67	396	79.2	9	B		D	5
1322070105	王旭	86	60	87	95	87	415	83.0	2	B		F	3
1322070106	叶德芦	70	63	78	84	83	378	75.6	14	C			
1322070107	金思霆	66	83	79	90	84	402	80.4	8	B			
1322070108	沈刖	87	78	80	75	74	394	78.8	10	C			
1322070109	徐俊杰	68	64	60	93	83	368	73.6	17	C			
1322070110	王佛成	60	78	92	91	83	404	80.8	6	B			
1322070112	林小毛	80	61	95	68	79	383	76.6	11	C			
1322070113	陈程	24	60	62	79	75	300	60.0	27	D			
1322070114	沈荃	67	71	73	84	83	378	75.6	14	C			
1322070115	王琳财	69	73	72	85	80	379	75.8	12	C			
1322070116	王涛军	63	42	70	91	88	354	70.8	21	C			
1322070117	何广潭	72	65	82	97	87	403	80.6	7	B			
1322070118	陈宇欣	51	67	72	81	50	321	64.2	26	D			
1322070119	刘畅	50	49	46	81	60	286	57.2	29	F			
1322070120	李子恒	71	61	71	86	60	349	69.8	22	C			
1322070121	陈婷峰	61	64	70	95	77	367	73.4	18	C			
1322070122	曾文莉	69	79	78	72	67	365	73.0	19	C			
1322070123	胡文杰	46	56	55	66	72	295	59.0	28	F			
1322070124	许敏	81	64	89	72	69	375	75.0	16	C			
1322070125	李稠	84	73	82	89	77	405	81.0	5	B			
1322070126	曾澈扬	76	38	82	95	65	356	71.2	20	C			
1322070127	万佳丽	70	83	73	93	60	379	75.8	12	C			
1322070128	江米心慧	61	46	75	91	63	336	67.2	23	D			
1322070129	朱辉	51	38	72	86	78	325	65.0	25	D			
1322070130	严鑫洁	0	52	54	68	87	261	52.2	30	F			
1322070131	李林阳	60	52	60	89	73	334	66.8	24	D			
		数学	英语	物理	计应	体育							
单科最高分		93	83	95	99	88							
单科最低分		0	38	46	66	50							
单科平均分		66.4	63.9	74.6	86.1	74.1							

图4-11　成绩统计表

2. 制作思路

　　根据提供的素材文档,本例主要是对数据进行处理与统计:

◆ 运用公式函数对数据进行处理；

◆ 对"成绩统计表"进行排序、筛选和分类汇总。

3. 制作过程

打开文件"素材(第 4 章)\实例素材\素材 XS. xlsx—成绩统计表"进行数据处理。

（1）数据处理

① 计算学生的成绩总分

选择 H3 单元格，单击"公式"工具栏上"自动求和"按钮 **Σ**，计算出学号为"1322070101"的学生的成绩的总分。

选择 H3 单元格，按住鼠标左键向下拖曳"填充柄"至 H32 单元格，则计算出全部学生的总分。

②计算学生的成绩平均分并保留一位小数

选择 I3 单元格，单击编辑栏上的"插入函数"按钮 **_fx_**，在打开的"插入函数"对话框中选择"AVERAGE"函数，如图 4 - 12 所示，单击"确定"按钮。

在打开的"函数参数"对话框中构造参数，如图 4 - 13 所示，单击"确定"按钮关闭对话框；计算学号为"1322070101"的学生的成绩平均分。

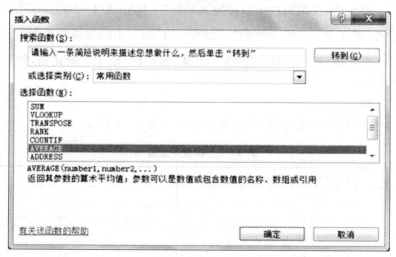

图 4 - 12　"插入函数"对话框

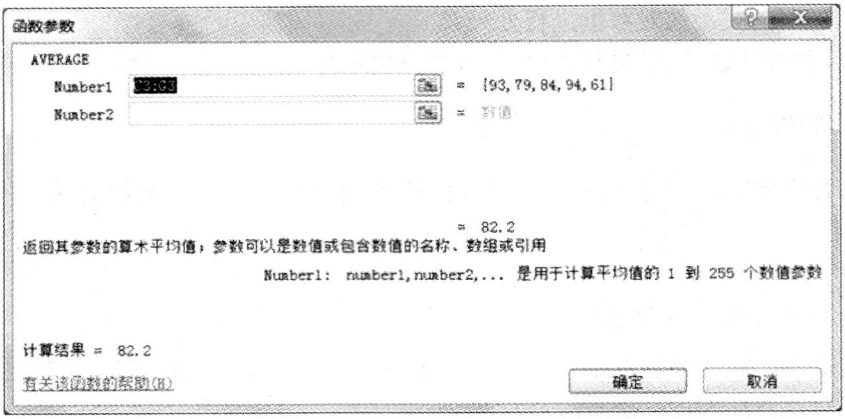

图 4-13　"函数参数"对话框

选择 I3 单元格,选择"格式"→"设置单元格格式"命令,打开"设置单元格格式"对话框;选择"数字"选项卡,在"分类"列表中选择"数值"选项,在"小数位数"文本框中输入"1";单击"确定"按钮关闭"设置单元格格式"对话框。

按住鼠标左键向下拖曳"填充柄"至 I32 单元格,则计算出全部学生的成绩平均分。

③ 计算学生排名

选择 J3 单元格,在编辑栏中直接输入函数"＝RANK(I3,I\$3:I\$32)",单击编辑栏上的"输入"按钮 ✔,完成学号为"1322070101"的学生的成绩的排名。

选择 J3 单元格,按住鼠标左键向下拖曳"填充柄"至 J32 单元格,计算出全部学生的成绩的排名。

④ 评定等级

根据学生平均分评定等级,等级评定标准如表 4-1 所示。

表 4-1　等级评定标准

平均分区间(单位:分)	等　级
0～59	F
60～69	D
70～79	C
80～89	B
90～100	A

选择 K3 单元格,在编辑栏中直接输入函数"＝IF(I3＞89,"A",IF(I3＞79,"B", IF(I3＞69,"C",IF(I3＞59,"D","F"))))",单击编辑栏上的"输入"按钮 ✔,完成学号为"1322070101"的学生的等级评定。

选择 K3 单元格,按住鼠标左键向下拖曳"填充柄"至 K32 单元格,计算出全部学生的等级评定。

⑤ 统计单科最高分

选择 C35 单元格,在编辑栏中直接输入函数"＝MAX(C3:C32)",单击编辑栏上的"输入"按钮 ✔,统计出"数学"的最高分。

选择 C35 单元格,按住鼠标左键向右拖曳"填充柄"至 G35 单元格,统计出其余科目的最高分。

⑥ 统计单科最低分

选择 C36 单元格,在编辑栏中直接输入函数"＝MIN(C3:C32)",单击编辑栏上的"输入"按钮 ✔,统计出"数学"的最低分。

选择 C36 单元格,按住鼠标左键向右拖曳"填充柄"至 G36 单元格,统计出其余科目的最低分。

⑦ 统计单科平均分

选择 C37 单元格,在编辑栏中直接输入函数"＝AVERAGE(C3:C32)",单击编辑栏上的"输入"按钮 ✔,统计出"数学"的平均分。

选择 C37 单元格,设置单元格保留一位小数,按住鼠标左键向右拖曳"填充柄"至 G37 单元格,统计出其余科目的平均分。

⑧ 统计各种等级的人数

选择 M3:M7 单元格区域,分别在各个单元格中输入"A"、"B"、"C"、"D"和"F"; 选择 N3 单元格,在编辑栏中直接输入函数"＝COUNTIF(K \$3:K \$32,M3)",单击编辑栏上的"输入"按钮 ✔,统计出等级"A"的人数。

选择 N3 单元格,按住鼠标左键向下拖曳"填充柄"至 N7 单元格,完成各个等级人数的统计。

完成计算和统计后,对工作表进行格式设置后的效果如图 4 - 14 所示。按"Ctrl ＋S"组合键,保存工作簿"素材 XS. xlsx"。

(2) 排序和筛选

在"成绩统计表"中选择 A1:K32 单元格区域,按"Ctrl＋C"组合键复制数据;选

学号	姓名	数学	英语	物理	计应	体育	总分	平均分	排名	等级		等级	人数
					成绩统计表							登记人数统计	
1322070101	宋梦茹	93	79	84	94	61	411	82.2	3	B		A	0
1322070102	张志兵	86	72	83	97	69	407	81.4	4	B		B	9
1322070103	王东良	92	75	84	98	82	431	86.2	1	B		C	13
1322070104	徐梦芸	79	72	79	99	67	396	79.2	9	B		D	5
1322070105	王旭	86	60	87	95	87	415	83.0	2	B		F	3
1322070106	叶德苏	70	63	78	84	83	378	75.6	14	C			
1322070107	金恩潼	66	83	79	90	84	402	80.4	8	B			
1322070108	沈阳	87	78	80	75	74	394	78.8	10	C			
1322070109	徐俊杰	68	64	60	93	83	368	73.6	17	C			
1322070110	王伟成	60	78	92	91	83	404	80.8	6	B			
1322070112	林小毛	80	61	95	68	79	383	76.6	11	C			
1322070113	陈程	24	60	62	79	75	300	60.0	27	D			
1322070114	沈芸	67	71	73	84	83	378	75.6	14	C			
1322070115	王琳琳	69	73	72	85	80	379	75.8	12	C			
1322070116	王海军	63	42	70	91	88	354	70.8	21	C			
1322070117	何广源	72	65	82	97	87	403	80.6	7	B			
1322070118	陈宇欣	51	67	72	81	50	321	64.2	26	D			
1322070119	刘畅	50	49	46	81	60	286	57.2	29	F			
1322070120	李子恒	71	61	71	86	60	349	69.8	22	C			
1322070121	陈婷婷	61	64	70	95	77	367	73.4	18	C			
1322070122	曾文莉	69	79	78	72	67	365	73.0	19	C			
1322070123	胡文杰	46	56	55	66	72	295	59.0	28	F			
1322070124	许歌	81	64	89	72	69	375	75.0	16	C			
1322070125	李桐	84	73	82	89	77	405	81.0	5	B			
1322070126	曾激扬	76	38	82	95	65	356	71.2	20	C			
1322070127	万佳朗	70	83	73	93	60	379	75.8	12	C			
1322070128	江来心慧	61	46	75	91	63	336	67.2	23	D			
1322070129	朱辉	51	38	72	86	78	325	65.0	25	D			
1322070130	严鑫浩	0	52	54	68	87	261	52.2	30	F			
1322070131	李林阔	60	52	60	89	73	334	66.8	24	D			
		数学	英语	物理	计应	体育							
	单科最高分	93	83	95	99	88							
	单科最低分	0	38	46	66	50							
	单科平均分	66.4	63.9	74.6	86.1	74.1							

图 4－14　"成绩统计表"完成计算的结果图

择"开始"→"插入"→"插入工作表"命令,在新工作表中选择 A1 单元格,按"Ctrl＋V"组合键粘贴数据;双击新工作表标签,重命名为"成绩表排序和筛选"。

①"成绩统计表"排序

选择"成绩统计表"数据清单任意单元格,选择"数据"→"排序"命令,在打开的"排序"对话框中按图 4－15 所示进行排序设置;单击"确定"按钮关闭对话框。排序

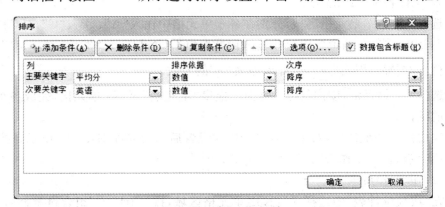

图 4－15　"排序"对话框

结果如图 4-16 所示。从图 4-16 可以看出，当第十四行和第十五行的主要关键字"平均分"相同时，Excel 按次要关键字"英语"降序排序。

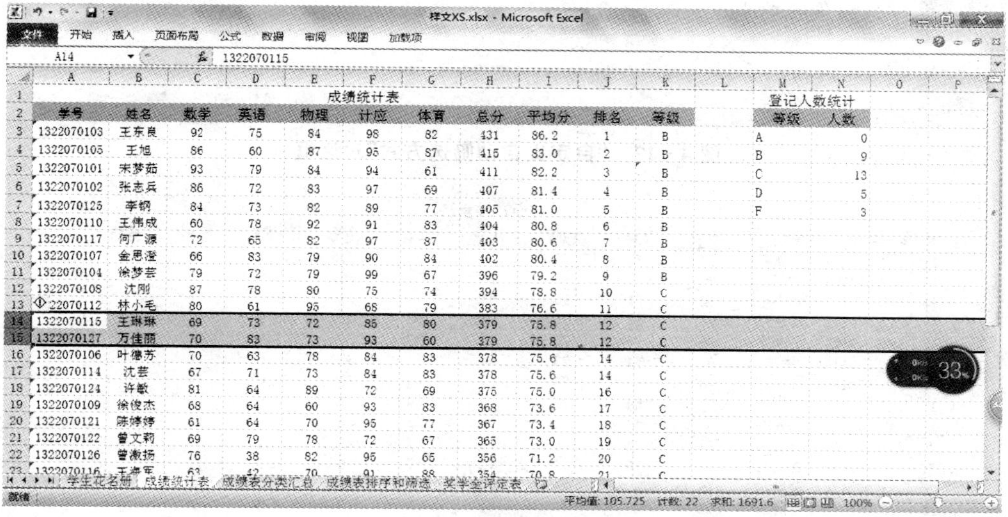

图 4-16　"成绩统计表"排序结果

②"成绩统计表"自动筛选

选择"成绩统计表"数据清单任意单元格，选择"数据"→"筛选"命令，"成绩统计表"第二行表头的列名右侧出现下拉箭头按钮，单击"平均分"列名右侧的下拉箭头按钮，在列表中选择"自定义"选项，在打开的"自定义自动筛选方式"对话框中按图 4-17 所示进行设置；可筛选出"平均分"在 70 到 80 分之间的所有行，结果如图 4-18 所示。

③"成绩统计表"高级筛选

再次选择"数据"→"筛选"命令，取消已经设置的自动筛选。要筛选出"英语"超过 90 分或"体育"超过 90 分的行，在 A34:B36 单元格区域建立如图 4-19 所示的高级筛选条件表。选择"数据"→"筛选"→"高级筛选"命令，在打开的"高级筛选"对话框中按图 4-20 所示进行设置；单击"确定"按钮关闭对话框。

图 4 - 17 "自定义自动筛选方式"对话框

1	成绩统计表									
2	学号	姓名	数学	英语	物理	计应	体育	总分	平均分	排名	等级
11	1322070104	徐梦芸	79	72	79	99	67	396	79.2	9	B
12	1322070108	沈刚	87	78	80	75	74	394	78.8	10	C
13	1322070112	林小毛	80	61	95	68	79	383	76.6	11	C
14	1322070127	万佳丽	70	83	73	93	60	379	75.8	12	C
15	1322070115	王琳琳	69	73	72	85	80	379	75.8	12	C
16	1322070114	沈芸	67	71	73	84	83	378	75.6	14	C
17	1322070106	叶德苏	70	63	78	84	83	378	75.6	14	C
18	1322070124	许敏	81	64	89	72	69	375	75.0	16	C
19	1322070109	徐俊杰	68	64	60	93	83	368	73.6	17	C
20	1322070121	陈婷婷	61	64	70	95	77	367	73.4	18	C
21	1322070122	曾文莉	69	79	78	72	67	365	73.0	19	C
22	1322070126	曾澈扬	76	38	82	95	65	356	71.2	20	C
23	1322070116	王海军	63	42	70	91	88	354	70.8	21	C

图 4 - 18 "成绩统计表"筛选结果

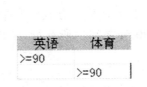

图 4 - 19 高级筛选条件表

图 4 - 20 "高级筛选"对话框

（3）分类汇总

在"成绩统计表"中选择 A1:K32 单元格区域，按"Ctrl＋C"组合键复制数据；选择"开始"→"插入"→"插入工作表"命令，在新工作表中选择 A1 单元格，按"Ctrl＋V"组合键粘贴数据；双击新工作表标签，重命名为"成绩表分类汇总"。以下操作按"等级"分类汇总各课程平均分。

① 选择"成绩统计表"数据清单任意单元格，选择"数据"→"排序"命令，在打开的"排序"对话框中按图 4 - 21 所示进行排序设置；单击"确定"按钮关闭对话框。

② 选择"数据"→"分类汇总"命令，在打开的"分类汇总"对话框中按图 4－22 所示进行设置；单击"确定"按钮关闭对话框。

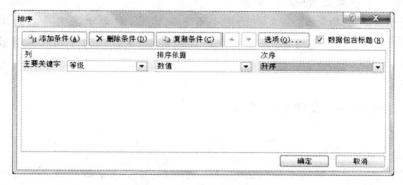

图 4－21　"排序"对话框

图 4－22　"分类汇总"对话框

注意：在"选定汇总项"列表框中选中"数学"、"英语"、"物理"、"计应"、"体育"等项目的复选框。

③ 将汇总数据项设置为保留一位小数，汇总结果如图 4－23 所示。

		A	B	C	D	E	F	G	H	I	J	K
	1						成绩统计表					
	2	学号	姓名	数学	英语	物理	计应	体育	总分	平均分	排名	等级
	12			79.8	73.0	83.6	94.4	77.4				B 平均值
	26			71.7	64.7	76.2	84.1	74.5				C 平均值
	32			49.4	52.6	68.2	85.2	67.8				D 平均值
	36			32.0	52.3	51.7	71.7	73.0				F 平均值
	37			66.4	63.9	74.6	86.1	74.1				总计平均值

图 4－23　汇总结果

④ 按"Ctrl＋S"组合键,保存工作簿"素材 XS. xlsx"。

职场充电:销售数据的分析重点

对于销售数据的分析,最直观的是查看其销售量,但由于不同产品的单价有所不同,所以这点也不能忽略,即还需要分析其销售额,这也是对于销售人员最直接的考核依据。

4.2.3 案例3——成绩的图表化

案例背景

为了更直观地了解学生各科的学习情况,班主任要求小陈将各科学习情况做成图表。

1. 案例目标

本例将针对上述的案例背景,制定图表。

◆ 根据数学成绩制作一张带数据标记的折线图,结果如图 4-24 所示。

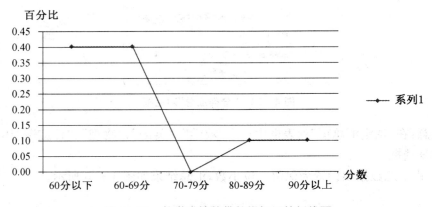

图 4-24 数学成绩的带数据标记的折线图

◆ 根据金思澄的各科成绩制作一张饼图,结果如图 4-25 所示。

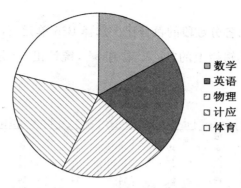

图 4 – 25　金思澄的各门成绩饼图

◆ 根据各科成绩的平均分制作一张簇状柱形图,结果如图 4 – 26 所示。

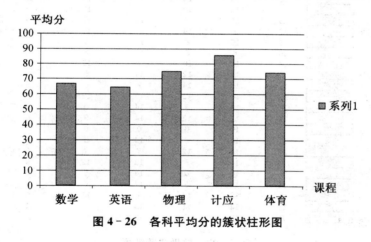

图 4 – 26　各科平均分的簇状柱形图

2. 制作思路

根据提供的素材文档,本例主要是对图表进行设置:

◆ 计算数据;

◆ 根据数据选择图表类型。

3. 制作过程

打开文件"素材(第 4 章)\实例素材\素材 XS. xlsx—数学成绩数据"进行数据处理和图表制作,如图 4 – 27 所示。

（1）计算数据

根据数学成绩求出各分数段的百分比。选择 B36 单元格，在编辑栏中直接输入公式"＝12/30"，单击编辑栏上的"输入"按钮 ✓，统计出 60 分以下的百分比，如图 4-28 所示。

	A	B	C	D	E	F	G
1	满分值	选择(20)	填空(20)	计算(14)	画图(14)	应用题(14)	思考题(18)
2	宋梦茹	16	12	0	0	0	0
3	张志兵	8	16	13	14	6	4
4	王东良	14	12	14	7	11	7
5	徐梦芸	12	16	8	14	13	0
6	王旭	18	20	14	14	14	18
7	叶德苏	18	12	14	14	14	17
8	金思澄	18	20	13	14	13	14
9	沈刚	4	8	14	7	0	4
10	徐俊杰	8	16	6	14	6	4
11	王佳成	18	20	14	14	14	18
12	林小毛	16	12	12	14	13	2
13	陈程	16	16	11	14	6	0
14	沈芸	16	16	14	14	13	13
15	王琳琳	16	16	8	14	5	1
16	王海军	16	8	6	12	5	11
17	何广源	14	12	10	7	12	5
18	陈宇欣	8	16	12	14	6	0
19	刘畅	12	16	14	9	6	8
20	李子恒	12	16	12	14	14	17
21	陈婷婷	16	16	5	14	0	0
22	曾文莉	14	12	12	14	9	0
23	胡文杰	8	12	0	0	0	0
24	许敏	12	16	6	14	4	0
25	李钢	12	16	12	7	7	5
26	曾激扬	14	14	8	13	12	0
27	万佳丽	8	16	0	14	7	8
28	江朱心慧	14	12	5	14	6	8
29	朱辉	8	14	14	7	12	0
30	严鑫浩	16	14	11	13	9	2
31	李林闻	8	12	6	13	12	16

图 4-27　数学成绩数据

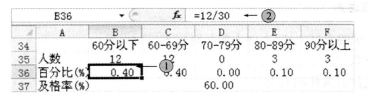

图 4-28　统计各分数段所占百分比

（2）插入图表

① 根据数学成绩制作带数据标记的折线图，如图 4-24 所示。打开"插入"→

"图表"→"插入图表"对话框,选择"带数据标记的折线图",如图 4－29 所示。打开"设计"→"选择数据"→"选择数据源"对话框,图表数据区域选择"数学成绩数据! $B $34: $F $ 34,数学成绩数据! $B $36: $F $36",单击"编辑"按钮,选择 B34: F34,如图 4－30 所示。

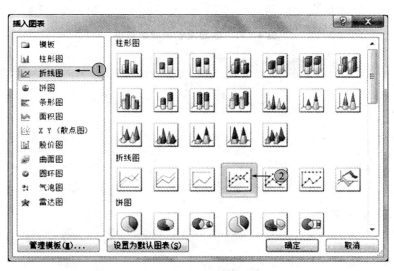

图 4－29　带数据标记的折线图

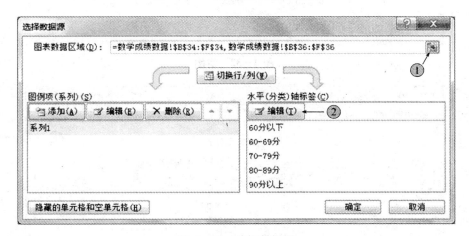

图 4－30　选择数据源

②根据金思澄各科成绩制作饼图,如图 4－31 所示。打开"插入"→"图表"→"插入图表"对话框,选择"饼图",如图 4－32 所示。打开"设计"→"选择数据"→"选

择数据源"对话框,图表数据区域选择"$B$1:$F$2",单击"编辑"按钮,选择 B1:F1,如图 4 - 33 所示。

⊿	A	B	C	D	E	F
1	姓名	数学	英语	物理	计应	体育
2	金思澄	66	83	79	90	84

图 4 - 31　金思澄各科成绩数据

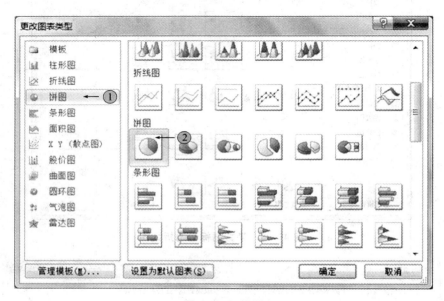

图 4 - 32　饼图

图 4 - 33　选择数据源

③ 根据各科成绩的平均分制作簇状柱形图,如图 4 - 34 所示。打开"插入"→
"图表"→"插入图表"对话框,选择"簇状柱形图",如图 4 - 35 所示。打开"设计"→
"选择数据"→"选择数据源"对话框,图表数据区域选择"$B $1:$F $1,$B $32:$F
$32",单击"编辑"按钮,选择 B1:F1,如图 4 - 36 所示。

	A	B	C	D	E	F
1	姓名	数学	英语	物理	计应	体育
2	宋梦茹	93	79	84	94	61
3	张志兵	86	72	83	97	69
4	王东良	92	75	84	98	82
5	徐梦芸	79	72	79	99	87
6	王旭	86	60	87	95	87
7	叶德苏	70	63	78	84	83
8	金思溢	66	83	79	90	84
9	沈刚	87	78	80	75	74
10	徐俊杰	68	64	60	93	83
11	王伟成	60	78	92	91	83
12	林小毛	80	61	95	68	79
13	陈程	24	60	62	79	75
14	沈芸	67	71	73	84	83
15	王琳琳	69	73	72	85	80
16	王海军	63	42	70	91	88
17	何广源	72	65	82	97	87
18	陈宇欣	51	67	72	81	50
19	刘畅	50	49	46	81	60
20	李子恒	71	61	71	86	60
21	陈婷婷	61	64	70	95	77
22	曾文莉	69	79	78	72	67
23	胡文杰	46	56	55	66	72
24	许敏	81	64	89	72	69
25	李钢	84	73	82	89	77
26	曾激扬	76	38	82	95	65
27	万佳丽	70	83	73	93	60
28	江朱心慧	61	46	75	91	63
29	朱辉	51	38	72	86	78
30	严鑫浩	0	52	54	68	87
31	李林闯	60	52	60	89	73
32	平均分	66	64	75	86	74

图 4 - 34　各科成绩平均分数据

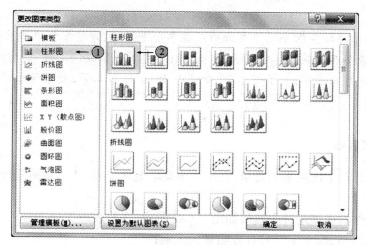

图 4 - 35　簇状柱形图

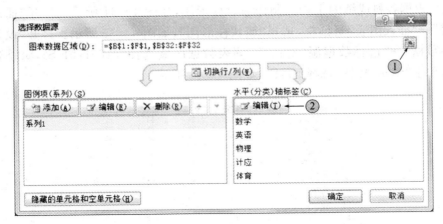

图 4-36 选择数据源

职场充电：行政工作会接触哪些统计类型的表格

　　行政工作除了经常需要制作一些文书外，难免要接触很多统计类型的表格，如产量、销量、业绩、工资表等，这些表格在某些情况下都需要进行分析，以便于相关部门和人员及时采取应对措施和进行下一步的计划。

4.2.4　案例 4——制作奖学金评定表

案例背景

　　学校将根据学生综合测评成绩确定奖学金等级，优秀奖学金申请条件：(1) 德、智、体、美、劳全面发展，品学兼优的学生。(2) 奖学金等级评定标准：综合测评成绩大于等于 85 分为一等；大于等于 80 分且小于 85 分为二等；大于等于 75 分且小于80 分为三等。

1. 案例目标

　　本例将针对上述的案例背景，制作一份奖学金评定表，并对表格进行规范的格式设置。

　　本例制作的成绩统计表效果如图 4-37 所示，主要表现为：

　◆ 单元格格式、文字字号有较明显的区别；

◆ 对奖学金评定表格式化；

	A	B	C	D	E	F	G	H	I	J
1						奖学金评定表				
2	学号	姓名	数学	英语	物理	计应	学业测评成绩	德育测评成绩	综合测评成绩	等级
3	1322070101	宋梦茹	93	79	84	94	87.5	89	87.8	一等
4	1322070102	张志兵	86	72	83	97	84.5	89	85.4	一等
5	1322070103	王东良	92	75	84	98	87.3	88	87.4	一等
6	1322070104	徐梦芸	79	72	79	99	82.3	86	83.0	二等
7	1322070105	王旭	86	60	87	95	82.0	86	82.8	二等
8	1322070106	叶德苏	70	63	78	84	73.8	93	77.6	三等
9	1322070107	金思澄	66	83	79	90	79.5	71	77.8	三等
10	1322070108	沈翔	87	78	80	75	80.0	74	78.8	三等
11	1322070109	徐俊杰	68	64	60	93	71.3	70	71.0	
12	1322070110	王伟威	60	78	92	91	80.3	87	81.6	二等
13	1322070112	林小毛	80	61	95	68	76.0	82	77.2	三等
14	1322070113	陈程	24	60	62	79	56.3	63	57.6	
15	1322070114	沈芸	67	71	73	84	73.8	83	75.6	三等
16	1322070115	王琳琳	69	73	72	85	74.8	90	77.8	三等
17	1322070116	王海军	63	42	70	91	66.5	76	68.4	
18	1322070117	何广源	72	65	82	97	79.0	79	79.0	三等
19	1322070118	陈宇欣	51	67	72	81	67.8	74	69.0	
20	1322070119	刘畅	50	49	46	81	56.5	62	57.6	
21	1322070120	李子恒	71	61	71	86	72.3	62	70.2	
22	1322070121	陈婷婷	61	64	70	95	72.5	79	73.8	
23	1322070122	曾文莉	69	79	78	72	74.5	90	77.6	三等
24	1322070123	胡文杰	46	56	55	66	55.8	68	58.2	
25	1322070124	许敏	81	64	89	72	76.5	85	78.2	三等
26	1322070125	李钢	84	73	82	89	82.0	95	84.6	二等
27	1322070126	曾激扬	76	38	82	95	72.8	84	75.0	三等
28	1322070127	万佳丽	70	83	73	93	79.8	75	78.8	三等
29	1322070128	江朱心慧	61	46	75	91	68.3	81	70.8	
30	1322070129	朱辉	51	38	72	86	61.8	66	62.6	
31	1322070130	严鑫浩	0	52	54	68	43.5	53	45.4	
32	1322070131	李林阁	60	52	60	89	65.3	63	64.8	

图 4-37　奖学金评定表

2. 制作思路

根据提供的素材文档，本例主要是对公式、函数以及条件格式进行操作：

◆ 公式和函数的使用；

◆ 条件格式的设置和使用。

3. 制作过程

打开"素材(第 4 章)\实例素材\素材 XS. xlsx—奖学金评定表"进行数据处理。

(1) 计算数据

① 计算"学业测评成绩"。选择 G2 单元格，在编辑栏中直接输入函数"=AVERAGE(C3:F3)"，单击编辑栏上的"输入"按钮 ✔，完成该行的"学业测评成绩"计算；选择 G3 单元格，按住鼠标左键向下拖曳"填充柄"至 G32 单元格，完成全部学生的"学业测评成绩"计算；选择 G3:G32 单元格区域，设置数值格式保留一位小数。如图 4-38-1、4-38-2 所示。

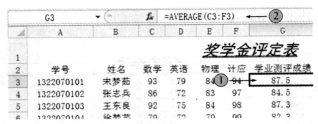

图 4 - 38 - 1 计算"学业测评成绩"

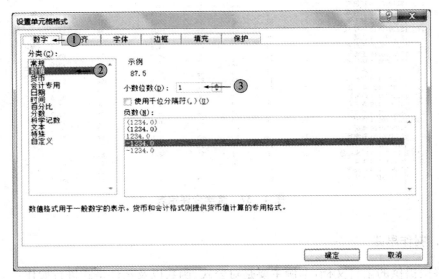

图 4 - 38 - 2 设置数值格式

② 计算"综合测评成绩"。选择 I3 单元格,在编辑栏中输入综合测评计算公式"=G3＊0.8＋H3＊0.2"后单击编辑栏上的"输入"按钮✔,完成该行的"综合测评成绩"计算;选择 I3 单元格,向下拖曳"填充柄"至 I32 单元格,完成全部学生的"综合测评成绩"计算;选择 I3:I32 单元格区域,设置数值格式保留一位小数。如图 4 - 39 所示。

图 4 - 39 计算"综合测评成绩"

（2）评定等级

① 选择 J3 单元格，按照奖学金等级评定标准，在编辑栏中输入奖学金等级计算公式"＝IF(I3＞＝85,"一等",IF(I3＞＝80,"二等",IF(I3＞＝75,"三等","")))"后单击编辑栏上的"输入"按钮 ✔，完成该行的奖学金等级评定计算；选择 J3 单元格，按住鼠标左键向下拖曳"填充柄"至 J32 单元格，完成全部学生的奖学金等级评定计算，如图 4-40 所示。

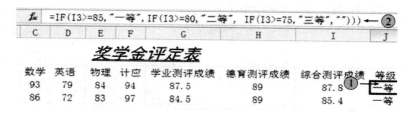

图 4-40 等级评定

② 选择 A1 单元格，设置行高为 30、字体为黑体、字号为 18（Excel 单元格的默认字号为 12）、字形为倾斜、双下划线。如图 4-41 所示。

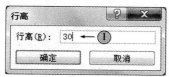

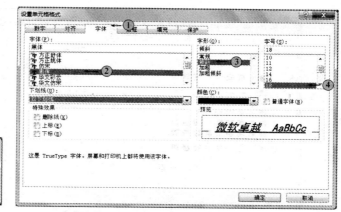

图 4-41 标题文字的设置

③ 选择 J3:J32 单元格区域，选择"开始"→"条件格式"命令，在打开的"突出显示单元格规则"下拉列表框中选择"其他规则"选项，在"新建格式规则"对话框的"编辑规则说明栏"中选择"等于"选项，在右侧的文本框中输入"＝$J $3"，如图 4-42 所示。

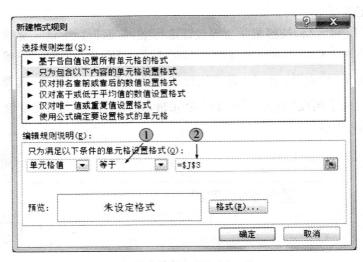

图 4-42　新建格式规则

④ 单击"格式"按钮,在打开的"设置单元格格式"对话框中选择"填充"选项卡,选择"茶色"颜色;单击"确定"按钮关闭"设置单元格格式"对话框,如图 4-43 所示。

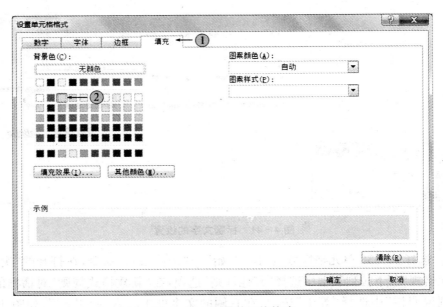

图 4-43　设置单元格格式

职场充电：不同的工资制度

针对不同的职业，不同的工作性质，员工工作的构成也存在着差别，常见的工资基本构成有如下几种：

➢ **年薪制**：适用于公司总裁、副总裁及其他总裁批准的特殊人才。

工资总额＝基本工资＋年终奖金

➢ **提成工资制**：适用于从事营销的工作人员。

工资总额＝岗位固定工资＋绩效工资＋提成工资＋年终奖金

➢ **结构工资制**：适用于中、基层管理人员、生产技术人员、职能人员、后勤管理人员。

工资总额＝基本工资＋绩效奖金

➢ **固定工资制**：适用于工作量容易衡量的后勤服务人员。

➢ **计时工资制**：适用于工作量波动幅度大的生产操作工作。

工资总额＝基本工资＋绩效奖金＋计时工资

➢ **试用制**：新进人员试用期内一般定为招聘岗位等级内第一档工资的 80% 发放，试用期内无浮动工资。

4.3　基础训练篇

一、打开文件"素材（第 4 章）\Excel 基础训练篇\EX1.xlsx"，将工作表 Sheet1 的 A1:C1 单元格合并为一个单元格，内容水平居中，计算"数量"列的"总计"项及"所占比例"列的内容（所占比例＝数量/总计），将工作表命名为"人力资源情况表"。

	A	B	C
1	某企业人力资源情况表		
2	人员类型	数量	所占比例（%）
3	市场销售	78	
4	研究开发	165	
5	工程管理	76	
6	售后服务	58	
7	总计		

二、打开文件"素材（第 4 章）\Excel 基础训练篇\六月工资表.xlsx"，对"六月工资表"的内容进行分类汇总，分类字段为"部门"，汇总方式为"求和"，汇总项为"实发工资"，汇总结果显示在数据下方。

	A	B	C	D	E	F	G
1	六月工资表						
2	姓名	部门	月工资	津贴	奖金	扣款	实发工资
3	李欣	自动化	496	303	420	102	1117
4	刘强	计算机	686	323	660	112	1557
5	徐白	自动化	535	313	580	108	1320
6	王晶	计算机	576	318	626	110	1410

三、打开文件"素材(第 4 章)\Excel 基础训练篇\ABC. xlsx",按要求完成以下操作。

1. 计算各学生的各种总分。

2. 在 B18 单元格统计出学生人数。

3. 将学生的姓名和英语成绩用簇状柱形图表示出来,并存放到工作表 sheet1 中。

4. 操作完成后以原文件名保存。

	A	B	C	D	E	F	G	H	I	J
1	学号	姓名	语文	数学	英语	生物	历史	政治	地理	总分
2	101	王洋	96	75	82	83	60	80	81	
3	102	杨向中	102	90	106	89	88	91	90	
4	103	钱学农	60	11	27	20	33	60	52	
5	104	王爱华	98	90	82	84	98	88	88	
6	105	刘晓华	103	45	66	80	80	85	83	
7	106	李婷	101	46	62	65	85	86	61	
8	107	王宇	63	18	17	16	37	57	25	
9	108	张曼	94	97	110	90	91	87	86	
10	109	李小辉	83	7	64	56	68	87	54	
11	110	厉强	92	96	76	86	76	87	78	
12	111	吴春华	93	36	54	77	72	85	70	
13	112	刘红	101	60	97	85	82	93	72	
14	113	见青	87	22	47	69	66	79	59	
15	114	李家磊	80	52	60	50	50	68	57	
16	115	丁凯	86	17	73	44	60	65	44	
17	116	李健	97	55	94	81	70	90	79	
18	学生人数									

四、打开文件"素材(第 4 章)\Excel 基础训练篇\成绩表. xlsx",按要求完成以下操作。

1. 计算出每位同学的各课程的总分和平均分。

2. 根据平均分用"IF 函数"求出每个学生的等级;等级的标准:平均分 60 分以下为 D;平均分 60 分以上(含 60 分)、75 分以下为 C;平均分 75 分以上(含 75 分)、90 分以下为 B;平均分 90 分以上为 A。

3. 筛选出姓为"王",并且"性别"为女的同学。

4. 筛选出"平均分"在 75 分以上,或"性别"为"女"的同学。

5. 按"性别"对每个课程的"平均分"进行分类汇总。

	A	B	C	D	E	F	G	H
1	学号	姓名	性别	课程一	课程二	课程三	总分	平均分
2	1	王春兰	女	80	77	65		
3	2	王小兰	女	67	86	90		
4	3	王国立	男	43	67	78		
5	4	李萍	女	79	76	85		
6	5	李刚强	男	98	93	88		
7	6	陈国宝	女	71	75	84		
8	7	黄河	男	57	78	67		
9	8	白立国	男	60	69	65		
10	9	陈桂芬	女	87	82	76		
11	10	周恩恩	女	90	86	76		
12	11	黄大力	男	77	83	70		
13	12	薛婷婷	女	69	78	65		
14	13	李涛	男	63	73	56		
15	14	程维娜	女	79	89	69		
16	15	张杨	男	84	90	79		
17	16	杨芳	女	93	91	88		
18	17	杨洋	男	65	78	82		
19	18	章壮	男	70	75	80		
20	19	张大为	男	56	72	69		
21	20	庄大丽	女	81	59	75		

4.4　模拟训练篇

4.4.1　全国一级 MS 模拟题：

一、打开文件"素材（第 4 章）\Excel 模拟训练篇\Excel. xlsx"，按要求完成以下操作。

1. 将工作表 Sheet1 的 A1：D1 单元格合并为一个单元格，内容水平居中；计算"金额"列（金额＝数量 * 单价）和"总计"行的内容，将工作表命名为"设备购置情况表"。

2. 选取工作表的"设备名称"和"金额"两列的内容建立"簇状水平圆柱图"，图表标题为"设备金额图"，图列靠右。插入到表的 A8：G23 单元格区域内。

	A	B	C	D
1	单位设备购置情况表			
2	设备名称	数量	单价	金额
3	电脑	16	6580	
4	打印机	7	1210	
5	扫描仪	3	987	
6			总计	

二、打开文件"素材（第 4 章）\Excel 模拟训练篇\Excel. xlsx"，按要求完成以下操作。

1. 将工作表 Sheet1 的 A1：D1 单元格合并为一个单元格，内容水平居中；计算"学生均值"行（学生均值＝贷款金额/学生人数，保留小数点后两位），将工作表命名为"助学贷款发放情况表"。复制该工作表为"SheetA"工作表。（2）选取"sheetA"工作表的"班别"和"贷款金额"两行的内容建立"簇状柱形图"，图表标题为"助学贷款发放情况图"，图列在底部。插入到表的 A10:G25 单元格区域内。

2. 对"助学贷款发放情况表"的工作表内的数据清单内容按主要关键字"贷款金额"的降序次序和次要关键字"班别"的升序次序进行排序。工作表名不变，保存 Excel.xlsx 工作簿。

	A	B	C	D
1	助学贷款发放情况表			
2	班别	贷款金额	学生人数	学生均值
3	一班	13680	29	
4	二班	21730	32	
5	三班	22890	30	
6	四班	8690	16	
7	五班	12310	21	
8	六班	13690	25	

4.4.2 全国二级 MS 模拟题：

一、打开文件"素材（第 4 章）\Excel 模拟训练篇\东方公司 2014 年 3 月员工工资表.xlsx"，按要求完成以下操作。

1. 通过合并单元格，将表名"东方公司 2014 年 3 月员工工资表"放于整个表的上端、居中，并调整字体、字号。

2. 在"序号"列中分别填入 1 到 15 的数字，将其数据格式设置为数值、不保留小数、居中。

3. 将"基础工资"往右各列设置为会计专用格式、保留两位小数、无货币符号。

4. 调整表格各列宽度、对齐方式，使得显示更加美观。并设置纸张大小为 A4、横向，整个工作表需调整在 1 个打印页内。

5. 参考素材文件夹下的"工资薪金所得税率.xlsx"，利用 IF 函数计算"应交个人所得税"列。（提示：应交个人所得税＝应纳税所得额 * 对应税率－对应速算扣除数）

6. 利用公式计算"实发工资"列，公式为：实发工资＝应付工资合计－扣除社保－应交个人所得税。

7. 复制工作表"2014 年 3 月"，将副本放置到原表的右侧，并命名为"分类汇总"。

8. 在"分类汇总"工作表中通过分类汇总功能求出各部门"应付工资合计"、"实发工资"的和，每组数据不分页。

	A	B	C	D	E	F	G	H	I	J	K	L	M
1	东方公司2014年3月员工工资表												
2	序号	员工工号	姓名	部门	基础工资	奖金	补贴	扣除病事假	应付工资合计	扣除社保	应纳税所得额	应交个人所得税	实发工资
3		DF001	包宏伟	管理	40600	500	260	230	41130	460	37170		
4		DF002	陈万地	管理	3500		260	352	3408	309	0		
5		DF003	张惠	行政	12450	500	260		13210	289	9421		
6		DF004	闫朝霞	人事	6050		260	130	6180	360	2320		
7		DF005	吉祥	研发	6150		260		6410	289	2621		
8		DF006	李燕	管理	6350	500	260		7110	289	3321		
9		DF007	李娜娜	管理	10550		260		10810	206	7104		
10		DF008	刘康锋	研发	15550	500	260	155	16155	308	12347		
11		DF009	刘鹏举	销售	4100		260		4360	289	571		
12		DF010	倪冬声	研发	5800		260	25	6035	289	2246		
13		DF011	齐飞扬	销售	5050		260		5310	289	1521		
14		DF012	苏解放	研发	3000		260		3260	289	0		
15		DF013	孙玉敏	管理	12450	500	260		13210	289	9421		
16		DF014	王清华	行政	4850		260		5110	289	1321		
17		DF015	谢如康	管理	9800		260		10060	309	6251		

二、打开文件"素材（第 4 章）\Excel 模拟训练篇\第一学期期末成绩. xlsx"，按要求完成以下操作。

1. 对工作表"第一学期期末成绩"中的数据列表进行格式化操作：将第一列"学号"设为文本，将所有成绩列设置为保留两位小数的数值；适当加大行高和列宽，改变字体、字号，设置对齐方式，增加适当的边框和底纹使工作表更加美观。

2. 利用"条件格式"功能进行下列设置：将语文、数学、英语三科中不低于 110 分的成绩所在的单元格以一种颜色填充，其他四科中高于 95 分的以另一种字体颜色标出，所用颜色深浅以不遮挡数据为宜。

	A	B	C	D	E	F	G	H	I	J	K	L
1	学号	姓名	班级	语文	数学	英语	生物	地理	历史	政治	总分	平均分
2	120305	包宏伟		91.5	89	94	92	91	86	86		
3	120203	陈万地		93	99	92	86	86	73	92		
4	120104	杜学江		102	116	113	78	88	86	73		
5	120301	符合		99	98	101	95	91	95	78		
6	120306	吉祥		101	94	99	90	87	95	93		
7	120206	李北大		100.5	103	104	88	89	78	90		
8	120302	李娜娜		78	95	94	82	90	93	84		
9	120204	刘康锋		95.5	92	96	84	95	91	92		
10	120201	刘鹏举		93.5	107	96	100	93	92	93		
11	120304	倪冬声		95	97	102	93	95	92	88		
12	120103	齐飞扬		95	85	99	98	92	92	88		
13	120105	苏解放		88	98	101	89	73	95	91		
14	120202	孙玉敏		86	107	89	88	92	88	89		
15	120205	王清华		103.5	105	105	93	93	90	86		
16	120102	谢如康		110	95	98	99	93	93	92		
17	120303	闫朝霞		84	100	97	87	78	89	93		
18	120101	曾令煊		97.5	106	108	98	99	99	96		
19	120106	张桂花		90	111	116	72	95	93	95		

4.5　拓展训练篇

一、打开文件"素材（第 4 章）\Excel 拓展训练篇\员工信息统计表. xlsx"，按要求完成以下操作。

用 Excel 对公司员工进行工资管理:建立工资明细表(该公司工资项目有基本工资、岗位工资、奖金、日工资、交通补贴、病假扣款)。

具体计算标准如下:

(1) 岗位工资:企业管理人员 800 元,福利人员 750 元,其他人员 850 元;

(2) 奖金:企业管理人员和福利人员 200 元,其他人员 300 元;

(3) 交通补贴:销售人员 200 元,其他人员 150 元;

(4) 日工资:(基本工资＋岗位工资＋奖金)/21.17;

(5) 病假扣款:工龄 10 年以上,每天扣日工资的 20%,工龄为 5～10 年,每天扣日工资的 30%,工龄为 5 年以下的,每天扣日工资的 50%。

员工编号	姓名	所属部门	员工类别	工龄	基本工资	岗位工资	奖金	日工资	交通补贴	病假扣款
			员工信息							
1001	林同	厂办	企业管理人员	20	450					
1002	李钢	厂办	企业管理人员	15	360					
1003	李芳	财务处	企业管理人员	8	310					
1004	刘明	财务处	企业管理人员	25	520					
1005	张晨	人事处	企业管理人员	30	520					
1006	薛明	人事处	企业管理人员	7	320					
1007	张仪	后勤部	福利人员	8	290					
1008	何年	后勤部	福利人员	4	260					
1009	向强	后勤部	车间管理人员	6	360					
1010	沈宏	金工车间	基本生产人员	16	460					
1011	刘华	装配车间	车间管理人员	15	430					
1012	周红	供气车间	辅助生产人员	5	290					
1013	王虎	机修车间	辅助生产人员	18	480					
1014	张贤	金工车间	基本生产人员	11	410					
1015	张群	金工车间	基本生产人员	18	450					
1016	李明	金工车间	基本生产人员	8	350					
1017	王小林	金工车间	基本生产人员	12	400					
1018	朴华	装配车间	基本生产人员	20	420					
1019	付强	装配车间	基本生产人员	17	420					
1020	李更生	装配车间	基本生产人员	18	420					
1021	张小红	供气车间	辅助生产人员	17	420					
1022	张道山	机修车间	辅助生产人员	20	450					
1023	郑华三	机修车间	辅助生产人员	26	520					
1024	张占英	金工车间	基本生产人员	16	450					
1025	李天一	机修车间	辅助生产人员	10	380					
1026	赵一岚	金工车间	基本生产人员	3	310					
1027	赵飞	库房	企业管理人员	10	280					
1028	陈正卿	库房	企业管理人员	14	280					
1029	马敏	本地销售部门	销售人员	12	380					
1030	郭芳	外地销售部门	销售人员	6	360					
1031	高洁	采购部	企业管理人员	6	360					
1032	高惠荣	外地销售部门	销售人员	9	530					

二、打开文件"素材(第 4 章)\Excel 拓展训练篇\CE. xlsx",按要求完成以下操作。

1. 将工作表 sheet1 的 A1:G1 单元格合并为一个单元格,内容水平居中;用公式计算近三年月平均气温,单元格格式的数字分类为数值,保留小数点后两位,将 A2:G6 区域的底纹图案类型设置为 6.25%灰色,将工作表命名为"月平均气温统计表",保存 CE. xlsx 文件。

2. 选取"月平均气温统计表"的 A2:G2 和 A6:G6 单元格区域,建立"簇状圆柱图"("系列"产生在"行"),标题为"月平均气温统计图",图例位置靠上,将图插入到表的 A8:G20 单元格区域内,保存 CE. xlsx 文件。

	A	B	C	D	E	F	G
1	某地区近三年月平均气温统计表						
2	月份	一月	二月	三月	四月	五月	六月
3	2003年	2.3	5.1	10.6	15.7	24.5	30.1
4	2004年	2.5	5.3	10.9	15.1	24.2	29.6
5	2005年	2.2	5.2	10.3	15.3	25	30.5
6	近三年月平均气温						

第 5 章　PowerPoint 2010 的使用

5.1　知识要点

PowerPoint 2010 演示文稿处理软件的知识要点如图 5-1 所示。

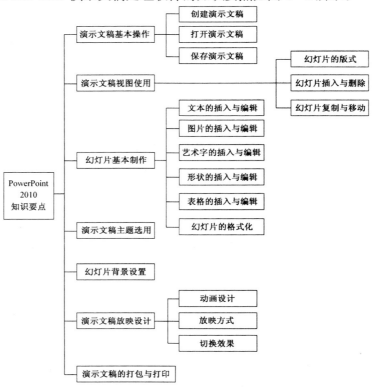

图 5-1　PowerPoint 2010 知识要点

5.2　案例解析

5.2.1　案例1——制作公司简介演示文稿

案例背景

　　公司简介让顾客对公司有进一步的了解，并建立良好的第一印象以利于后续业务推进。公司简介是企业的缩影，是企业的一个文字图像的表现，是展示企业精神面貌的载体；对企业的知名度、美誉度、品牌和口碑，甚至订单都有着直接的影响。沈芸作为公司的销售部门骨干深知这一道理，故制作了这样一份公司简介演示文稿，彰显了公司的实力与活力。

1. 案例目标

　　本例将针对上述的案例背景，制作一份公司简介演示文稿，并对演示文稿进行合理的设计与修饰，让演示文稿符合公司文化与形象。

　　本例制作的公司简介演示文稿效果如图 5-2 所示，主要表现为：

◆ 以舒畅的蓝色为背景，采用黑色加粗文字，配色合理，对比明显；

◆ 采用图片、文字相结合的方式，内容清晰明确，顾客易于接受。

图 5-2　公司简介演示文稿最终效果

2. 制作思路

根据提供的素材文档，本例主要是对演示文稿的背景、文本、图片与图形等进行设计，所以可以分为5大步进行：

◆ 增加和删除幻灯片；

◆ 修改幻灯片背景和版式；

◆ 编辑文本；

◆ 图片编辑与优化；

◆ 使用自选形状和 SmartArt 图形。

在本例中，我们提供了公司简介的演示文档模版作为素材，在此基础上综合运用所学知识，通过删除和添加幻灯片、修改幻灯片背景和版式、文本的编辑等，设计出一个完整的符合公司文化与形象的演示文稿。

职场充电：制作公司简介演示文稿时应注意以下几点：

1. 设计方案要符合公司文化与形象

公司简介是企业文化的结晶，要突出企业自身的文化与形象。所谓"简"就是经提炼或塑造简化后的浓缩。

2. 要突出体现公司的运营机制

企业运营机制是指企业作为一个经济有机体，为适应外部经济环境和发展而具有的内在功能和运营方式，是决定企业经营行为的各种内在因素及其相互关系的总称。应主要从企业的经营理念、经营定位、经营思路阐述，让客户了解企业的市场定位及经营模式。

3. 要突出公司的自身实力与特色

每家企业都有其独特优势，包括产品特色、技术专利、人才管理、经营理念、客户群体、物流、资源或公共关系等，如何能够展现其独特的优势在企业宣传中格外重要。

4. 要突出企业的管理架构

商场如战场，在21世纪的今天，时代瞬息万变，带来了市场经济，带来了世界经济的多元化、一体化。市场经济是公平又竞争激烈的，一个企业想在这样的环境中生存下来，就必须要有一个好的团队，还要有一个适合团队的管理方式。一个好的经营组织模式可以增强企业的运行效率，使企业有明确的发展方向，最终提高企业的经济效益。

3. 制作过程

（1）增加和删除幻灯片

打开文件"素材（第 5 章）\案例 1\公司简介.pptx"。

① 在"幻灯片/大纲"窗格中，在任一张幻灯片上单击鼠标左键，在弹出的快捷菜单中选择"新建幻灯片"命令，在该张幻灯片后新建一张幻灯片。

② 选择需要删除的幻灯片后，按"Delete"键或单击鼠标右键，在弹出的快捷菜单中选择"删除幻灯片"命令。

（2）修改幻灯片背景和版式

① 修改幻灯片母版。单击"视图"选项卡，在"母版视图"组中单击"幻灯片母版"按钮，如图 5－3 所示。

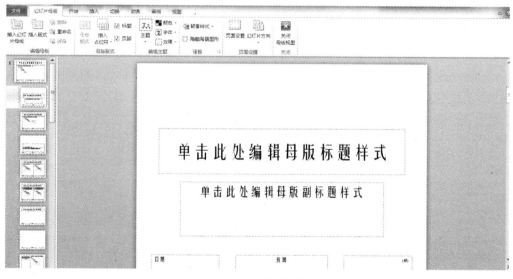

图 5－3　母版设置

② 修改幻灯片背景格式。在"幻灯片母版"选项卡的"背景"组中勾选"隐藏背景图形"复选框，然后单击"背景样式"按钮，选择"设置背景格式"命令，如图 5－4 所示。

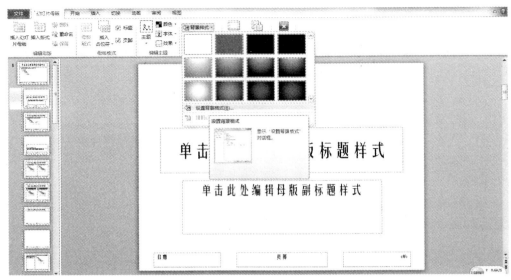

图 5 - 4　修改幻灯片背景格式

　　③ 修改幻灯片背景。在弹出的"设置背景格式"对话框中单击"图片或纹理填充"单选按钮,在"插入自"栏下单击"文件"按钮,在弹出的"插入图片"对话框中单击"插入"按钮将选择的本地计算中的图片插入幻灯片中,如图 5 - 5 所示。关闭母版视图。

图 5 - 5　修改幻灯片背景

④ 统一幻灯片布局格式。单击"开始"选项卡,在"幻灯片"组中单击"版式"按钮,在列表中选择相应的版式,如图5-6所示。

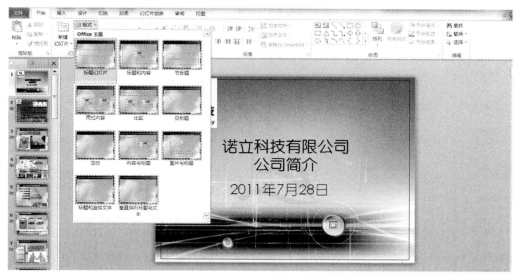

图5-6　幻灯片版式设置

⑤ 幻灯片页面设置。单击"设计"选项卡,在"页面设置"选项组中单击"页面设置"按钮。在弹出的"页面设置"对话框中即可自行设置,如图5-7所示。

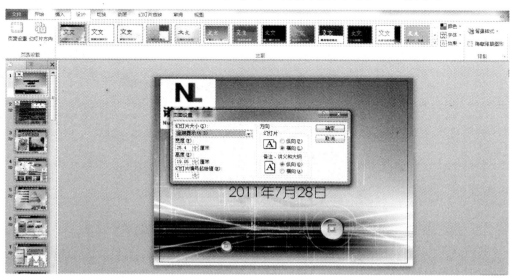

图5-7　幻灯片页面设置

⑥ 更改幻灯片主题字体。单击"设计"选项卡,在"主题"选项组中单击"字体"下拉按钮,选择主题字体,如图5-8所示。

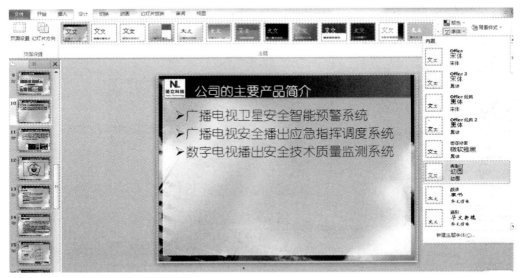

图5-8　主题字体设置

⑦ 更改幻灯片主题颜色。单击"设计"选项卡,在"主题"选项组中单击"颜色"按钮,在下拉列表中即可选择不同的主题颜色,如图5-9所示。

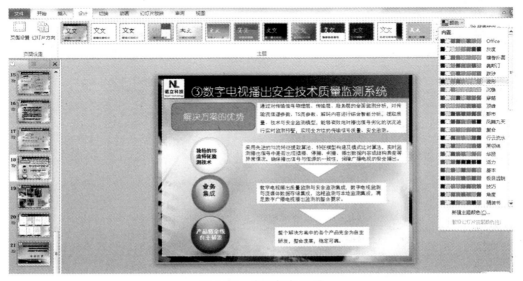

图5-9　主题颜色设置

（3）编辑文本

① 对 1、4～21 张幻灯片修改标题和设置字体格式，在标题占位符中删除原有文本。单击"开始"选项卡，在"字体"选项组中设置合适的样式，包括字体大小、字体样式以及字体颜色等，如图 5-10 所示。

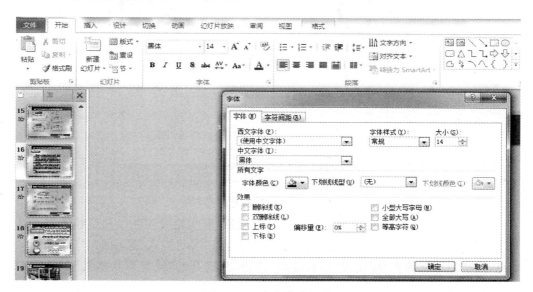

图 5-10　字体格式设置

② 对 1、2、5、6、7、9、10、12、15 张等幻灯片修改添加所需要的文字。在选择文本框中的占位符后，输入所需要的文字即可，效果如图 5-11 所示。

图 5-11　修改、添加文字

③ 对第 10 张幻灯片修改项目符号。选中要添加项目符号的文本内容，然后右击鼠标，在弹出快捷菜单中选中"项目符号"命令，如图 5-12 所示，然后选择所需要的项目符号。

图 5 - 12　项目符号设置

④ 在第 2 张幻灯片中设置文本形状填充颜色、形状轮廓颜色以及形状效果。选中"公司简介",单击"绘图工具"的"格式"选项卡,在"形状样式"选项组中单击"形状填充"按钮、"形状轮廓"按钮或"形状效果"按钮,在打开的"设置形状格式"对话框中设置效果,如图 5 - 13 所示。

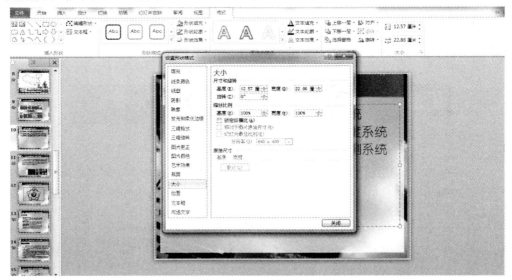

图 5 - 13　形状格式设置

⑤ 对 2～12 张幻灯片复制和删除文本。选择需要复制的文本右击,在弹出的快捷菜单中选择"复制"命令,然后将光标置于要粘贴的文本位置右击,在弹出的快捷菜单中选择"粘贴"命令,删除文本可直接按"Delete"键。

(4) 图片编辑与优化

① 在所有的幻灯片左上角插入企业标识。单击"插入"选项卡,在"图像"选项组中单击"图片"按钮,在弹出的"插入图片"对话框中选择合适的图片,单击"插入"按钮即可,如图 5 - 14 所示。

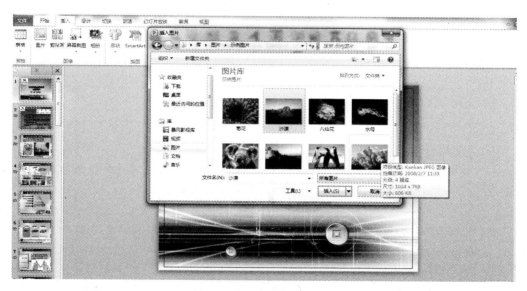

图 5 - 14　企业标识设置

② 在第 3、21 张幻灯片中修改图片的样式。删除第 3 张幻灯片右下角图片,右击第 3 张幻灯片中的图片,在弹出的快捷菜单中选择"置于底层"命令,然后使用鼠标调整其大小(如图 5 - 15 所示),或者选中图片后单击"图片工具"的"格式"选项卡,在"大小"选项组中修改其高度和宽度。

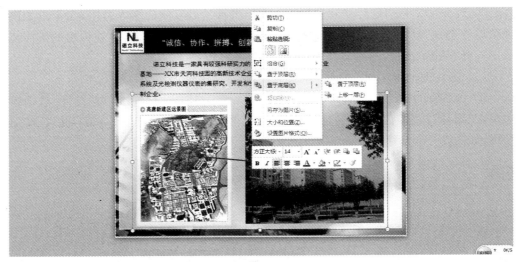

图 5 - 15　修改图片样式

（5）使用自选形状和 SmartArt 图形

① 在第 18 张幻灯片中插入形状。单击"插入"选项卡，在"插图"选项组中单击"形状"下拉按钮选择"圆角矩形"，如图 5 - 16 所示。

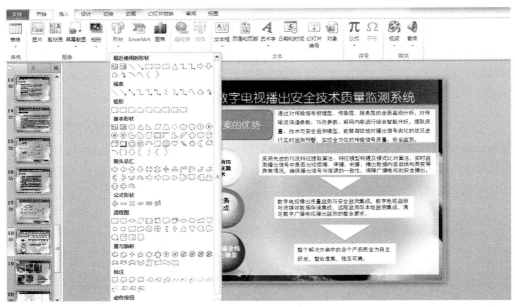

图 5 - 16　插入形状

② 在第 12 张幻灯片中插入 SmartArt 图形。单击"插入"选项卡，在"插图"选项组中单击"SmartArt"按钮，在弹出的"选择 SmartArt 图形"对话框左侧栏中选择"循环"选项，在右侧单击"射线循环"样式，如图 5‑17 所示。

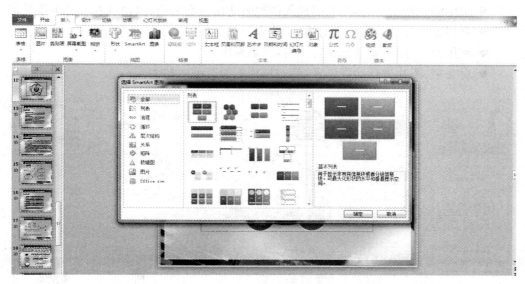

图 5‑17　插入 SmartArt 图形

5.2.2　案例 2——制作公司竞争对手演示文稿

案例背景

通过竞争对手演示文稿可以很好地分析竞争对手的基本情况，了解竞争对手的优、劣势，从而制定符合本公司未来发展的策略与方针，更好地融入 21 世纪竞争的浪潮中。销售部骨干沈芸在公司会议前设计了这样一份演示文稿，让公司其他员工对竞争对手能有进一步的了解，为公司在制定后续的发展战略及营销策略上提供有力的消息支持。

1. 案例目标

本例针对上述的案例背景，制作了一份公司竞争对手演示文稿，并在公司竞争对手演示文稿特点分析中采用图片与文字相结合的方式进行深入浅出的说明，介绍了在实际应用中如何制作一个符合自己需要的演示文稿。

本例制作的公司竞争对手演示文稿效果如图 5 - 18 所示，主要表现为：

◆ 以总体框架形式，结合简洁的文字对整个演示文稿进行概括，使观看者能够有一个直观印象；

◆ 采用图文相结合的方式，准确无误地表达出应有的内容，使观看者易于接受；

◆ 利用流程图进行形象化的描述，使人一目了然；

◆ 利用表格、图表将数据进行比对，清晰易懂；

◆ 对文字、图片进行动画设置，使幻灯片更加有趣生动。

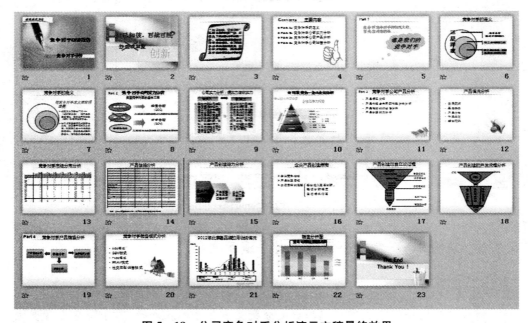

图 5 - 18　公司竞争对手分析演示文稿最终效果

2. 制作思路

根据提供的素材文档，本例主要是对演示文稿进行主题修改、文本编辑、图形与图片处理、图表优化、动画设置等，所以可以分为 6 大步进行：

◆ 删除、添加幻灯片与调整顺序；

◆ 对主题进行修改；

◆ 对文本进行编辑；

◆ 对图形与图片进行优化应用；

◆ 对表格及图表进行加工；

◆ 对动画效果进行设置。

在本例中，我们提供了公司竞争对手的演示文档模版作为素材，在此基础上综合运用所学知识，通过背景修改、主题设置、文本编辑、图片图形优化、表格图表应用、动画效果设置等，设计出一个完整的能够全面、准确地反映公司竞争对手情况的演示文稿。

职场充电：制作公司竞争对手演示文稿时应注意以下几点：

1. 设计要有合理框架和内在逻辑

设计公司竞争对手分析演示文稿，其实质是在全面把握竞争对手基本情况的前提下，让公司的员工对竞争对手能有进一步的了解，提高公司员工的紧迫感和危机意识；同时，为公司在制定后续的发展战略以及营销策略上提供有力的消息支持，保证公司的发展能够领先，或者是不落后于对手。

2. 设计要切合主题，选择合适的切入点

对公司竞争对手的分析包括竞争对手公司的实力、产品状况、市场占有率以及营销模式等各个方面，涉及的内容多而杂，如何能够从收集的众多竞争对手公司的资料中选择合适的切入点至关重要。当然，演示文稿的主题始终应该是竞争对手公司情况的介绍与分析。

3. 要突出重点，详细介绍竞争对手的基本情况

全面了解竞争对手公司的基本情况，如竞争对手公司实力和对方产品的重要情况以及营销模式等，有助于本公司在日益残酷的市场竞争中抢得先机，摆脱公司主要竞争对手对本公司的"围追堵截"，有利于谋求公司更大的发展。

4. 要化繁为简，合理利用流程图分析竞争对手

无论是产品创建、项目立项的过程，还是产品开发的流程，都不是用简单的语言就能轻易说明白的，因此在充分了解产品创建的过程中，我们可以用流程图来合理安排和解释所要阐述的内容。

5. 要层次分明，多角度全方位展现竞争对手的内容

21 世纪竞争无处不在，但是对竞争对手的含义可能存在多种不同的看法，甚至略有分歧。如何能够通过有效的方法阐释竞争对手的内涵，显得尤为重要。

3. 制作过程

（1）删除和添加幻灯片

打开文件"素材（第 5 章）\案例 2\竞争对手分析. pptx"。

  ① 在"幻灯片/大纲"窗格中,在任一张幻灯片上单击鼠标右键,在弹出的快捷菜单中选择"新建幻灯片"命令,在该张幻灯片后新建一张幻灯片。

  ② 选择需要删除的幻灯片后,按"Delete"键或单击鼠标右键,在弹出的快捷菜单中选择"删除幻灯片"命令。

  (2) 对幻灯片主题进行修改

  ① 设置幻灯片主题效果。单击"设计"选项卡,在"主题"选项组中选择模版主题,如图 5 - 19 所示。

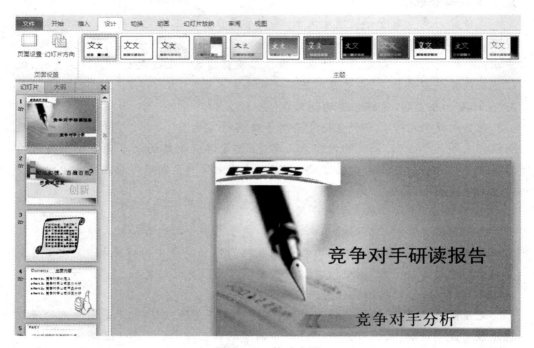

图 5 - 19　修改主题

　　② 在所有幻灯片中应用个性主题。单击"设计"选项卡,在"主题"选项组中单击"其他"按钮，在下拉菜单中选中"浏览主题"选项,在弹出的"选择主题或主题文档"对话框中选择个性主题,然后单击"应用"按钮即可,如图 5 - 20 所示。

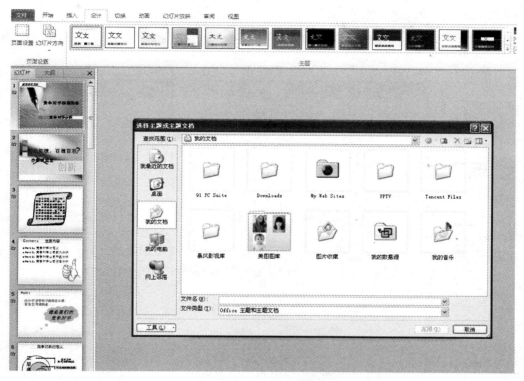

图 5 - 20　个性主题应用

③ 将所有幻灯片左下角演示文稿模版上的文字删除。单击"视图"标签,在"母板视图"选项组中单击"幻灯片母版"选项,删除模版文字所在文本框即可,如图 5 - 21 所示。

图 5 - 21　删除文字

④ 更改幻灯片主题效果。单击"设计"标签,在"主题"选项组中单击"效果"按钮,在弹出的列表框中即可选择不同的效果,如图 5-22 所示。

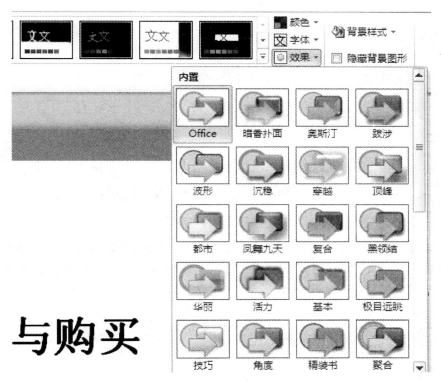

图 5-22　更改主题效果

(3) 编辑文本

① 在第 2 张幻灯片中插入艺术字。单击"插入"选项卡,在"文本"选项组中单击"艺术字"选项,选择合适的艺术字体,如图 5-23 所示。

图 5-23　插入艺术字

② 在第 17 张幻灯片中设置文本形状，并填充颜色、形状轮廓颜色以及形状效果。选中形状，单击"绘图工具"的"格式"标签，在"形状样式"选项组中单击"形状填充"按钮、"形状轮廓"按钮或"形状效果"按钮，如图 5-24 所示。

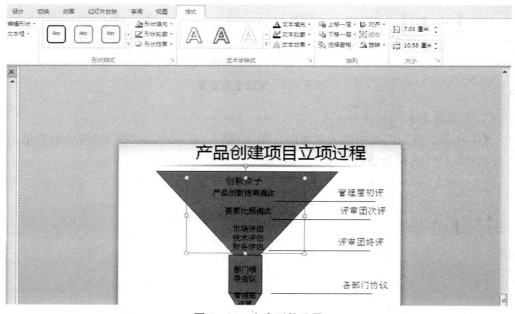

图 5-24　文本形状设置

（4）对图形与图片进行优化

① 在第 20 张幻灯片中插入剪贴画并调整其样式。单击"插入"选项卡，在"图像"选项组中单击"剪贴画"选项。在右侧"剪贴画"窗格内的"搜索文字"文本框中输入"扫帚"再单击"搜索"按钮，选择图片。然后选中插入的剪贴画，在"格式"选项卡下对"剪贴画"的样式进行修改，效果如图 5 - 25 所示。

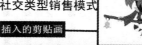

图 5 - 25　插入剪贴画

② 在第 15 张幻灯片中插入和调整形状图。单击"插入"选项卡，在"插图"选项组中单击"形状"选项。如果需要插入多个形状，可以选中形状，单击其"格式"选项卡，在"排列"选项组中单击"上移一层"按钮项或者"下移一层"按钮，效果如图 5 - 26 所示。

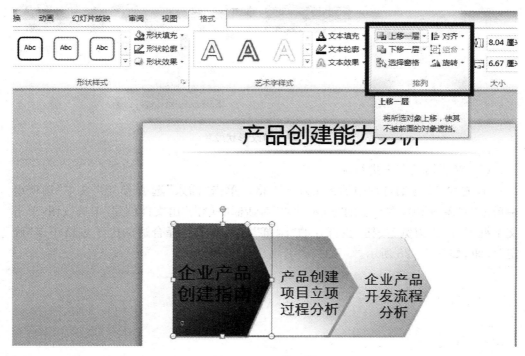

图 5 - 26　形状设置

③ 对第 19 张幻灯中的形状的颜色进行修改。单击"插入"选项卡,在"插图"选项组中单击"形状"下拉按钮,选择合适的图形。然后选择插入的图形,单击"绘图工具"的"格式"标签,在"形状样式"选项组中单击"形状填充"按钮,选择需要填充的颜色即可,如图 5 - 27 所示。

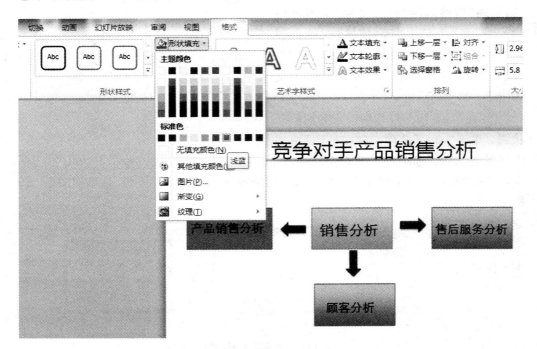

图 5 - 27　修改形状颜色

（5）对表格及图表进行加工

① 在第 14 张幻灯片中插入 Excel 表格。单击"插入"选项卡,在"文本"选项组中单击"对象"选项,在弹出的"插入对象"对话框中单击"由文件创建"单选按钮,单击文本框下方的"浏览"按钮,在打开的"浏览"对话框中选择合适的电子表格单击"确定"按钮,如图 5 - 28 所示。

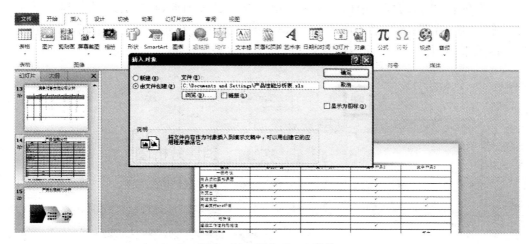

图 5－28　插入 Excel 表格

② 在第 14 张幻灯片中修改插入的 Excel 表格。选中表格右击,在弹出的快捷菜单中将光标置于"工作表对象",然后选择"编辑"命令,如图 5－29 所示。

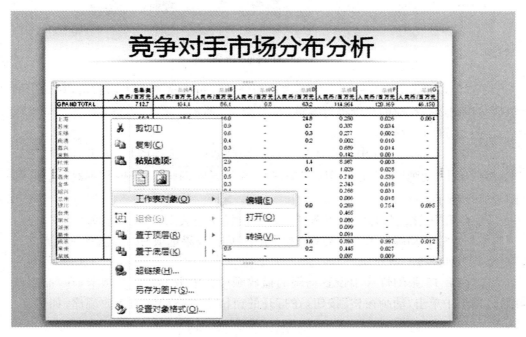

图 5－29　修改 Excel 表格

③ 在第 22 张幻灯片中插入图表。单击"插入"选项卡,在"插图"选项组中单击"图表"选项,在弹出的"插入图表"对话框中的"柱形图"下选择合适的图表,插入修改即可,效果如图 5 - 30 所示。

图 5 - 30　插入图表

④ 对第 22 张幻灯片中插入的图表进行修改。可以选定图表后右击,在弹出的快捷菜单中选择相应的命令进行编辑,如图 5 - 31 所示。

(6)设置动画效果

① 在第 1 张幻灯片中为企业标识设置动画效果。选择图片,单击"动画"选项卡,然后单击"动画"选项组的"其他"按钮▼,在打开的动画库中选择"弹跳"选项,如图 5 - 32 所示。

② 在第 15 张幻灯片中为所选择的文本设置动画效果方向。选择多个文本框,为其添加"飞入"动画效果,在"动画"选项组中单击"效果选项"按钮,选择飞入方向为"自底部",如图 5 - 33 所示。

③ 在第 15 张幻灯片中设置动画的播放顺序。单击"动画"选项卡,在"高级动画"选项组中单击"动画窗格"按钮,在打开的窗格中调整动画的播放顺序,如图 5 - 34 所示。

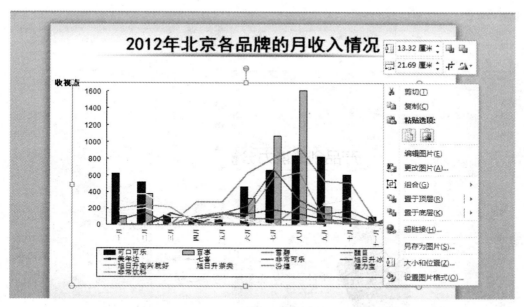

图 5-31　修改图表

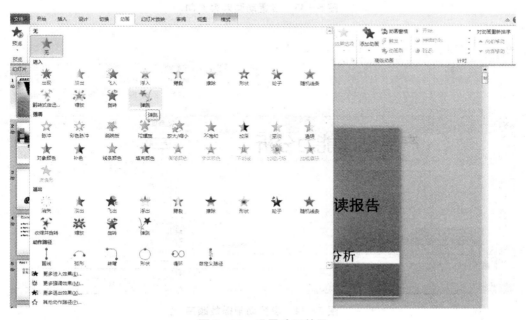

图 5-32　设置动画效果

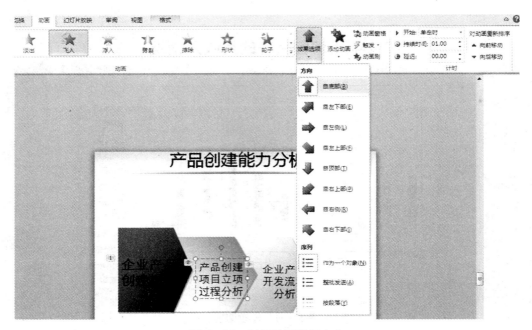

图 5 - 33　设置动画效果方向

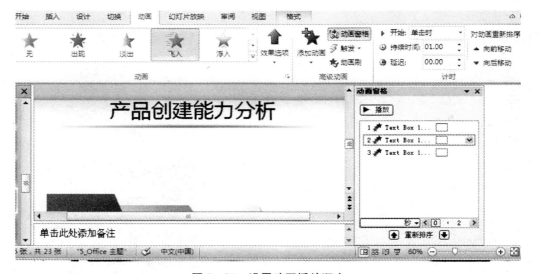

图 5 - 34　设置动画播放顺序

④ 在第 4 张幻灯片中设置动画的自定义路径。选择对象,单击"动画"选项组中的"其他"按钮,在打开的动画效果库中选择"动作路径"栏的"自定义路径"选项,按住鼠标左键拖动鼠标在幻灯片中绘制路线即可,如图 5 - 35 所示。

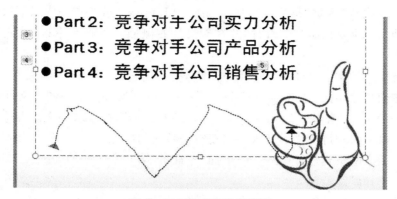

图 5 - 35　自定义路径设置

⑤ 在第 14 张向第 15 张过渡的幻灯片中设置切换动画效果。选中第 15 张幻灯片,单击"切换"选项卡,在"切换到此幻灯片"选项组中单击"其他"按钮,在展开的动画效果库中单击"华丽型"栏中"时钟"选项,即可添加"时钟"的动画效果,如图 5 - 36 所示。

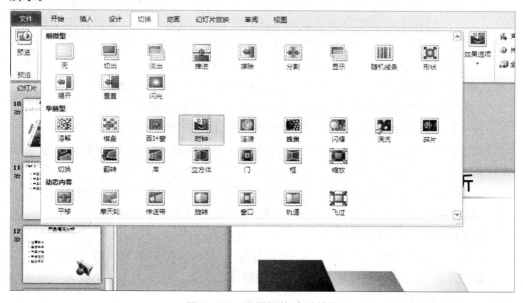

图 5 - 36　设置切换动画效果

5.3　基础训练篇

一、打开文件"素材(第 5 章)\基础训练一\1.pptx",按要求完成以下操作。

1. 插入一个空白版式幻灯片,并在幻灯片右侧插入垂直文本框,输入文字:"坐在西行列车上"。

2. 将输入的文字字体设置为 48 号、倾斜。

3. 在幻灯片中插入"素材(第 5 章)\基础训练一"文件夹下的图片文件"1.jpg"。

二、打开文件"素材(第 5 章)\基础训练二\1.pptx",按要求完成以下操作。

1. 在第 2 张幻灯片之后插入一张新空白版式幻灯片。

2. 在插入的新幻灯片(第 3 张)中插入"素材(第 5 章)\基础训练二"文件夹下的图片文件"1.jpg"。

3. 将所有幻灯片的切换效果设置为随机,速度:中速。

三、打开文件"素材(第 5 章)\基础训练三\1.pptx",按要求完成以下操作。

1. 将第 1 张幻灯片中标题文字设置为自定义动画效果为"扇形展开"。

2. 将所有幻灯片应用设计模板"Ocean"型模板。

3. 将所有幻灯片的切换方式设置为"从上抽出"。

四、打开文件"素材(第 5 章)\基础训练四\1.pptx",按要求完成以下操作。

1. 将幻灯片中的文字字体设置为黑体、颜色设为绿色(注意:请用自定义标签中的红色 0,绿色 255,蓝色 0),并为文字设置动画:擦除,方向:自顶部。

2. 插入一张空白版式幻灯片作为第 2 张幻灯片,在第 2 张幻灯片中插入"素材(第 5 章)\基础训练四"文件夹下的影片文件"1.avi",要求"自动播放"。

3. 将所有幻灯片的切换方式设置为"阶梯状向左上展开"。

五、打开文件"素材(第 5 章)\基础训练五\1.pptx",按要求完成以下操作。

1. 将幻灯片中的文字颜色设为蓝色(注意:请用自定义标签中的红色 0,绿色 0,蓝色 255),加粗,并为文字设置动画为"切入",方向:自底部。

2. 插入一张空白版式幻灯片作为第 2 张幻灯片,在第 2 张幻灯片中插入"素材(第 5 章)\基础训练五"文件夹下的声音文件"1.mid",要求自动播放。

3. 将所有幻灯片的切换方式设置为"向上插入"。

六、打开文件"素材(第 5 章)\基础训练六\1.pptx",按要求完成以下操作。

1. 插入一张版式为"标题幻灯片"的幻灯片作为第 1 张幻灯片,并输入主标题内容为"世界新建筑"。

2. 设置第 1 张幻灯片标题文字的自定义动画效果为"飞入"。

3. 设置所有幻灯片背景颜色为"填充效果/纹理/斜纹布"。

5.4　模拟训练篇

5.4.1　全国一级 MS 模拟题

一、打开文件"素材（第 5 章）\模拟训练\一级模拟题一\1. pptx"，按要求完成以下操作。

1. 为整个演示文稿应用"华丽"主题，将全部幻灯片的切换方案设置成"涡流"，效果选项为"自顶部"。

2. 第 1 张幻灯片前插入版式为"两栏内容"的新幻灯片，将"素材（第 5 章）\模拟训练\一级模拟题一"文件夹下"1. jpg"的图片放在第 1 张幻灯片右侧内容区，将第 2 张幻灯片的文本移入第 1 张幻灯片左侧内容区，标题输入"畅想无线城市的生活便捷"文本，动画设置为"进入/棋盘"，效果选项为"下"，图片动画设置为"进入/飞入"，效果选项为"自右下部"，动画顺序为"先图片后文本"。将第 2 张幻灯片版式改为"比较"，将第 3 张幻灯片的第二段文本移入第 2 张幻灯片左侧内容区，将"素材（第 5 章）\模拟训练\一级模拟题一"文件夹下"2. jpg"的图片放在第 2 张幻灯片右侧内容区。将第 3 张幻灯片版式改为"垂直排列标题与文本"。第 4 张幻灯片的副标题为"福建无线城市群"，第 4 张幻灯片的背景设置为"水滴"纹理，使第 4 张幻灯片成为第 1 张幻灯片。

二、打开文件"素材（第 5 章）\模拟训练\一级模拟题二\1. pptx"，按要求完成以下操作。

1. 为整个演示文稿应用"暗香扑面"主题，全部幻灯片切换方案为"百叶窗"，效果选项为"水平"。

2. 在第 1 张"标题幻灯片"中，主标题字体设置为"Times New Roman"、47 磅字；副标题字体设置为"Arial Black"、"加粗"、55 磅字。主标题文字颜色设置为蓝色（RGB 模式：红色 0，绿色 0，蓝色 230）。副标题动画设置为"进入/旋转"。第 1 张幻灯片的背景设置为"白色大理石"。第 2 张幻灯片的版式改为"两栏内容"，原有信号灯图片移入左侧内容区，将第 4 张幻灯片的图片移动到第 2 张幻灯片右侧内容区。删除第四张幻灯片。第 3 张幻灯片的标题为"Open-loop Control"，47 磅字，然后移动它成为第 2 张幻灯片。

三、打开文件"素材(第 5 章)\模拟训练\一级模拟题三\1. pptx",按要求完成以下操作。

1. 为整个演示文稿应用"都市"主题。

2. 将第 2 张幻灯片版式改为"两栏内容",标题为"项目计划过程"。将第 4 张幻灯片左侧图片移到第 2 张幻灯片右侧内容去,并插入备注:"细节将另行介绍"。将第 1 张幻灯片版式改为"比较",将第 4 张幻灯片左侧图片移到第 1 张幻灯片右侧内容区,图片动画设置为"进入/基本旋转",左侧文本部分动画设置为"进入/浮入",且动画开始的选项为"上一动画之后"。并移动该幻灯片到最后。删除第 2 张幻灯片原来标题文字,并将版式改为"空白",在位置(水平:6.67 厘米,自:左上角,垂直:8.24 厘米,自:左上角)插入样式为"渐变填充—橙色,强调文字颜色 4,映像"的艺术字,内容为"个体软件过程",文字效果为"转换—弯曲—波形 1"。并移动该幻灯片使之成为第 1 张幻灯片。删除第 3 张幻灯片。

5.4.2　全国二级 MS 模拟题

一、打开"素材(第 5 章)\模拟训练\二级模拟题一"文件夹,按要求完成以下操作。

某学校初中二年级五班的物理老师要求学生两人一组制作一份"物理课件. ppex"。小曾与小张自愿组合,他们制作完成的第 1 章的后三节内容见文件"第 3—5 节. pptx",前两节内容存放在文本文件"第 1—2 节. pptx"中。小张需要按下列要求完成课件的整合制作:

1. 为演示文稿"第 1—2 节. pptx"指定一个合适的设计主题;为演示文稿"第 3—5 节. pptx"指定另一个合适的设计主题,两个主题应不同。

2. 将演示文稿"第 3—5 节. pptx"和"第 1—2 节. pptx"中的所有幻灯片合并到"物理课件. pptx"中,要求所有幻灯片保留原来的格式。以后的操作均在"物理课件. pptx"中进行。

3. 在"物理课件. pptx"的第 3 张幻灯片之后插入一张版式为"仅标题"的幻灯片,输入标题文字为"物质的状态",在标题下方制作一张射线列表式关系图,样例参考"关系图素材及样例. docx",所需图片在"素材(第 5 章)\模拟训练\二级模拟题一"文件夹中。为该关系图添加适当的动画效果,要求同一级别的内容同时出现、不同级别的内容先后出现。

4. 在第 6 张幻灯片后插入一张版式为"标题和内容"的幻灯片,在该张幻灯片中插入与素材"蒸发和沸腾的异同点. docx"文档中所示相同的表格,并为该表格添加适当的动画效果。

5. 将第 4 张、第 7 张幻灯片分别链接到第 3 张、第 6 张幻灯片的相关文字上。

6. 除标题页外，为幻灯片添加编号及页脚，页脚内容为"第一章物态及其变化"。

7. 为幻灯片设置适当的切换方式，以丰富放映效果。

二、打开"素材（第 5 章）\模拟训练\二级模拟题二"文件夹，按要求完成以下操作。

文君是新世界数码技术有限公司的人事专员，"十一"过后，公司招聘了一批新员工，需要对他们进行入职培训。人事助理已经制作了一份演示文稿的素材"新员工入职培训.pptx"，请打开该文档进行美化，要求如下：

1. 将第 2 张幻灯片版式设为"标题和竖排文字"，将第 4 张幻灯片的版式设为"比较"；为整个演示文稿指定一个恰当的设计主题。

2. 通过"幻灯片母版"为每张幻灯片增加利用艺术字制作的水印效果，水印文字中应包含"新世界数码"字样，并旋转一定的角度。

3. 根据第 5 张幻灯片右侧的文字内容创建一个组织结构图，其中总经理助理为助理级别，结果应类似 Word 样例文件"组织结构图样例.docx"中所示，并为该组织结构图添加任一动画效果。

4. 为第 6 张幻灯片左侧文字"员工守则"加入超链接，链接到 Word 素材文件"员工守则.docx"，并为该张幻灯片添加适当的动画效果。

5. 为演示文稿设置不少于 3 种的幻灯片切换方式。

三、打开"素材（第 5 章）\模拟训练\二级模拟题三"文件夹，按要求完成以下操作。

文慧是新东方学校的人力资源培训讲师，负责对新入职的教师进行入职培训，其 PowerPoint 演示文稿的制作水平广受好评。最近，她应北京节水展馆的邀请，为展馆制作了一份宣传水知识及节水工作重要性的演示文稿。

节水展馆提供的文字资料及素材参见"水资源利用与节水.docx"，制作要求如下：

1. 标题页包含演示主题、制作单位（北京节水展馆）和日期（××××年×月×日）。

2. 演示文稿须指定一个主题，幻灯片不少于 5 页，且版式不少于 3 种。

3. 演示文稿中除文字外要有 2 张以上的图片，并有 2 个以上的超链接进行幻灯片之间的跳转。

4. 动画效果要丰富，幻灯片切换效果要多样。

5. 演示文稿播放的全程需要有背景音乐。

6. 将制作完成的演示文稿以"水资源利用与节水.pptx"为文件名进行保存。

5.5　拓展训练篇

一、打开文件"素材(第 5 章)\拓展训练一\1.pptx",按要求完成以下操作。

1. 为整个演示文稿应用"市镇"主题,放映方式为"观众自行浏览"。

2. 在第 1 张幻灯片之前插入版式为"两栏内容"的新幻灯片,标题键入"山区巡视,确保用电安全可靠",将第二张幻灯片的文本移入第 1 张幻灯片左侧内容区,将"素材(第 5 章)\拓展训练一"文件夹下的图片文件"1.jpg"插入到第 1 张幻灯片右侧内容区,文本动画设置为"进入/擦除",效果选项为"自左侧",图片动画设置为"进入/飞入",效果选项为"自右侧"。将第 2 张幻灯片版式改为"比较",将第 3 张幻灯片的第二段文本移入第 2 张幻灯片左侧内容区,将"素材(第 5 章)\拓展训练一"文件夹下的图片文件"2.jpg"插入第 2 张幻灯片右侧内容区。将第 3 张幻灯片的文本全部删除,并将版式改为"图片与标题",标题为"巡线班员工清晨 6 时带着干粮进山巡视",将"素材(第 5 章)\拓展训练一"文件夹下的图片文件"3.jpg"插入到第 3 张幻灯片的内容区。第四张幻灯片在位置(水平:1.3 厘米,自左上角,垂直:8.24 厘米,自:左上角)插入样式为"渐变填充—红色,强调文字颜色 1"的艺术字,内容为"山区巡视,确保用电安全可靠",艺术字宽度为 23 厘米,高度为 5 厘米,文字效果为"转换—跟随路径—上弯弧",使第 4 张幻灯片成为第 1 张幻灯片。移动第 4 张幻灯片使之成为第 3 张幻灯片。

二、打开文件"素材(第 5 章)\拓展训练二\1.pptx",按要求完成以下操作。

1. 在第 1 张幻灯片中插入样式为"填充—白色,投影"的艺术字,内容为"运行中的京津城铁,"文字效果为"转换—波形 2",艺术字位置(水平:6 厘米,自:左上角,垂直:7 厘米,自:左上角)。第 2 张幻灯片的版式改为"两栏内容",在右侧文本区域输入"一等车厢票价不高于 70 元,二等车厢票价不高于 60 元。"且文本设置为"楷体",47 磅字。将"素材(第 5 章)\拓展训练二"文件夹下的图片文件"1.jpg"插入到第 3 张幻灯片的右侧内容区域。在第 3 张幻灯片备注区插入文本"单机标题,可以循环放映。"。

2. 第 1 张幻灯片的背景设置为"金乌坠地"预设颜色。幻灯片放映方式为"演讲者放映"。

三、打开文件"素材(第 5 章)\拓展训练三\1.pptx",按要求完成以下操作。

1. 第 1 张幻灯片的版式改为"两栏内容",内容文本设置为 23 磅字,将"素材(第 5 章)\拓展训练三"文件夹下的文件"1. png"插入到第 1 张幻灯片右侧内容区域,且设置幻灯片最佳比例。在第 1 张幻灯片前插入一张版式为"标题幻灯片"的新幻灯片,主标题区域输入"'红旗- 7'防空导弹",副标题区域输入"防范对奥运会的干扰和破坏",该幻灯片背景设置为"绿色大理石"纹理。第 3 张幻灯片版式改为"垂直排列标题与文本",文本动画设置为"进入/切入",效果选项为"自顶部"。第 4 张幻灯片版式改为"两栏内容"。将"素材(第 5 章)\拓展训练三"文件夹下的文件"2. png"插入到右侧内容区域,且设置图片在幻灯片中的最佳比例。

2. 放映方式为"观众自行浏览"。

四、打开"素材(第 5 章)\拓展训练四"文件夹,按要求完成以下操作。

如果你作为一家电子产品销售公司负责手机销售的部门经理,在公司年终总结大会上,你将向领导和同事汇报各品牌手机一年来的销售情况,以帮助领导决策来年各品牌手机的进货量。

请结合"素材(第 5 章)\拓展训练四"文件夹中所提供的素材,利用 PowerPoint 2010 制作一份手机年度销售统计报告,要求用图表反映销售情况,并根据需要设置合适的对象动画效果以及幻灯片的切换方式,将制作完成的演示文稿以"销售统计报告. pptx"为文件名进行保存。

附 录

附录1 一级 MS Office 考试环境介绍

全国计算机等级考试系统在中文版 Windows 7 系统环境下运行,用来测试考生在 Windows 的环境下进行系统操作、文字处理、电子表格、演示文稿、选择题(计算机基础知识、微型计算机系统组成、计算机网络的基础)以及上网操作的技能和水平。

一、考试环境

1. 硬件环境

CPU:3 G 或以上
内存:2 GB 或以上
显示卡:支持 DirectX 9
硬盘剩余空间:10 GB 或以上

2. 软件环境

教育部考试中心提供上机考试系统软件。
操作系统:中文版 Windows 7。
浏览器软件:中文版 Microsoft IE 8.0。
办公软件:中文版 Microsoft Office 2010(包括 Outlook 2010)并选择典型安装。
汉字输入软件:考点应具备全拼、双拼、五笔字型汉字输入法。其他输入法如表形码、郑码、钱码也可挂接。如考生有其他特殊要求,考点可挂接测试,如无异常应允许使用。

二、考试时间

"全国计算机等级考试一级计算机基础及 MS Office 应用"上机考试时间定为 90 分钟。考试时间由上机考试系统自动进行计时，提前 5 分钟自动报警来提醒考生应及时存盘，考试时间用完，上机考试系统将自动锁定计算机，考生将不能再继续考试。

三、考试题型和分值

"全国计算机等级考试一级计算机基础及 MS Office 应用"上机考试试卷满分为 100 分，共有六种考题类型。

1. 选择题(20 分)
2. Windows 基本操作题(10 分)
3. 字处理题(25 分)
4. 电子表格题(20 分)
5. 演示文稿题(15 分)
6. 上网题(10 分)

四、考试登录

在系统启动后，出现登录过程。在登录界面中，点击"开始登录"按钮，考生需要输入自己的准考证号，并需要核对身份证号和姓名的一致性。当登录信息确认无误后，系统会自动随机地为考生抽取试题，如附图 1 所示。

附图 1　登录首页

当上机考试系统抽取试题成功后,在屏幕上会显示上机考试考生须知信息和考试内容。考生按"开始考试并计时"按钮开始考试并进行计时,如附图2所示。

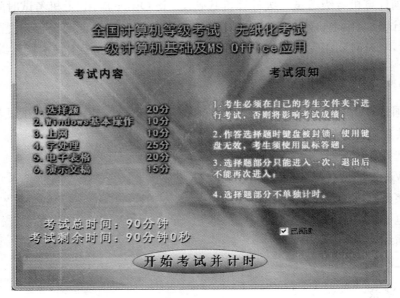

附图 2　考试须知

如果出现需要密码登录信息,则根据具体情况由监考老师来输入密码。

五、试题内容查阅工具

1. 试题内容查阅

在系统登录完成以后,系统随机地为考生抽取一套完整的试题。系统环境也有了一定的变化,上机考试系统将自动在屏幕中间生成装载试题内容查阅工具的"试题主窗口",并在屏幕顶部始终显示着考生的准考证号、姓名、考试剩余时间以及可以随时显示或隐藏试题内容查阅工具和退出考试系统进行交卷的按钮的窗口,对于最左面的"显示窗口"字符表示屏幕中间的考试窗口正被隐藏着,当用鼠标点击"显示窗口"字符时,屏幕中间就会显示考试窗口,且"显示窗口"字符变成"隐藏窗口"。

在"试题主窗口"中单击"选择题"、"基本操作"、"字处理"、"电子表格"、"演示文稿"和"上网"按钮,可以分别查看各个题型的题目要求,如附图3所示。

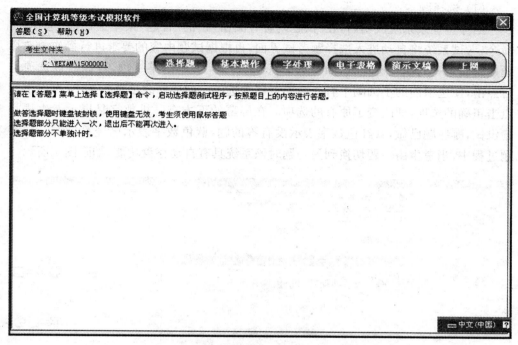

附图3　试题主窗口

　　当"试题内容查阅窗口"中显示上、下或左、右滚动条时，表明该"试题查阅窗口中"试题内容不能完全显示，因此考生可用鼠标的箭头光标键并按鼠标的左键进行移动显示余下的试题内容，防止漏做试题从而影响考生考试成绩。

　　当系统登录后，它还启动了另一个后台执行程序 Fzxt. exe，并且以"等级考试服务器"为名称显示在任务栏上，当考试系统正常退出时它也会正常退出，在考试过程中，不能关闭这个后台执行程序 Fzxt. exe，否则会影响考生的上网试题的分数。

2. 各种题型的测试方法

　　"全国计算机等级考试一级计算机基础及 MS Office 应用"上机考试系统提供了开放式的考试环境，考生可以在中文版 Windows 7 操作系统环境下自由地使用各种应用软件系统或工具，它的主要功能是答题的执行、控制上机考试时间以及试题内容查阅。

　　针对不同的测试题型，需要在不同的软件环境中完成。考试界面也提供了不同的测试入口。

（1）选择题

当考生登录系统成功后，在"试题内容查阅窗口"的"答题"菜单上选择"选择题"命令，考试系统将自动进入选择题考试界面，再根据试题内容的要求进行操作。选择题都是四选一的单项选择题，如要选 A）、B）、C）或 D）中的某一项，可以对该选项进行点击，使选项前的小圆圈中有一个黑点即为选中。如要修改已选的选项，可以重新点击正确的选项，即改变了原有的选项。在屏幕的下方有一排数字是提示考生哪些题没做，哪些题已做，其红色数字表示没有答的题，蓝色数字表示已经答的题。在答题过程中，当考生由一题切换到另一题时该系统具有自动存盘功能，如附图 4 所示。

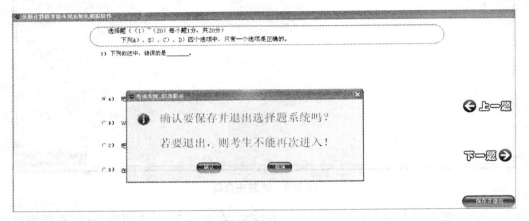

附图 4　选择题

（2）Windows 基本操作题

基本操作题包括以下内容：

① 文件夹的创建

② 文件（文件夹）的拷贝

③ 文件（文件夹）的移动

④ 文件（文件夹）的更名

⑤ 文件（文件夹）属性设置

⑥ 文件（文件夹）的删除

要完成上机考试的基本操作题，可以使用 Windows 提供的各种可以操作文件和文件夹的工具，如资源管理器、文件夹窗口等。但是在完成要求的题目时，要特别注意一个基本概念：考生文件夹，上机考试的大部分数据存储在这个文件夹中。考生不得随意更改其中的内容，而且有些题目要使用这个概念来完成，如附图 5 所示。

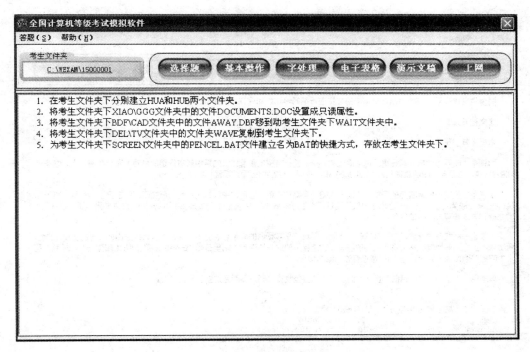

附图 5　基本操作题

（3）字处理题

在"试题主窗口"中，当按下"字处理"按钮时，系统将显示字处理操作题，此时在"答题"菜单上选择"字处理"命令时，它又会根据字处理操作题的要求自动产生一个下拉菜单，这个下拉菜单的内容就是字处理操作题中所有的 WORD 文件名加"（未做过）"或"（已做过）"字符，其中"未做过"字符表示考生对这个 WORD 文档没有进行过任何保存；"已做过"字符表示考生对这个 WORD 文档进行过保存。考生可根据自己的需要点击这个下拉菜单的某行内容（即某个 WORD 文件名），系统将自动进入字处理系统（字处理系统事先已安装），再根据试题内容的要求对这个 WORD 文档进行文字处理操作，并且当完成文字处理操作进行文档存盘时，只要单击常用工具栏中的"保存"按钮，或者单击"文件"菜单下的"保存"按钮即可将这个 WORD 文档保存在考生文件夹下，而不会弹出"另存为"对话框，因为是同名保存，无需再输入文件路径名。如果单击"文件"菜单下的"另存为"按钮，则会弹出"另存为"对话框，这时的文件路径名应该为考生文件夹，如果不是，请将路径调整到考生文件夹后按"保存"按钮即可保存该 WORD 文档，如附图 6 所示。

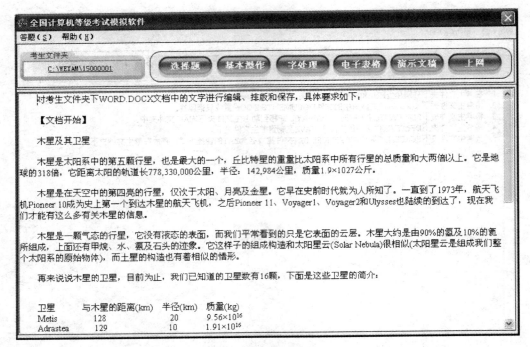

附图 6　字处理操作题

（4）电子表格题

在"试题主窗口"中，当按下"电子表格"按钮时，系统将显示电子表格操作题，此时在"答题"菜单上选择"电子表格"命令时，它又会根据电子表格操作题的要求自动产生一个下拉菜单，这个下拉菜单的内容就是电子表格操作题中所有的 EXCEL 文件名加"（未做过）"或"（已做过）"字符，其中"（未做过）"字符表示考生对这个 EXCEL 文档没有进行过保存；"已做过"字符表示考生对这个 EXCEL 文档进行过保存。考生可根据自己的需要点击这个下拉菜单的某行内容（即某个 EXCEL 文件名），系统将自动进入电子表格系统（电子表格系统事先已安装），再根据试题内容的要求对这个 EXCEL 文档进行电子表格操作，并且当完成电子表格操作进行文档存盘时，只要单击常用工具栏中的"保存"按钮，或者单击"文件"菜单下的"保存"按钮即可将这个 EXCEL 文档保存在考生文件夹下，而不会弹出"另存为"对话框，因为是同名保存，无需再输入文件路径名。如果单击"文件"菜单下的"另存为"按钮，则会弹出"另存为"对话框，这时的文件路径名应该为考生文件夹，如果不是，请将路径调整到考生文件夹后按"保存"按钮即可保存该 EXCEL 文档，如附图 7 所示。

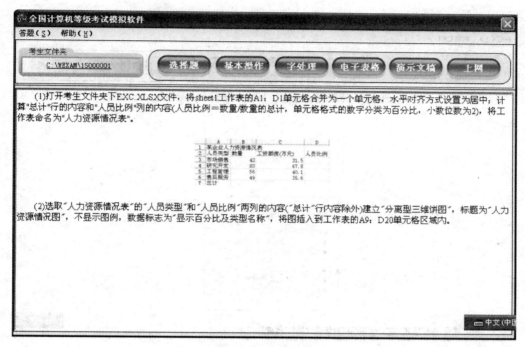

附图 7　电子表格操作题

（5）演示文稿题

在"试题主窗口"中,当按下"演示文稿"按钮时,系统将显示演示文稿操作题,此时在"答题"菜单上选择"演示文稿"命令时,它又会根据演示文稿操作题的要求自动产生一个下拉菜单,这个下拉菜单的内容就是演示文稿操作题中所有的 PPT 文件名加"(未做过)"或"(已做过)"字符,其中"未做过"字符表示考生对这个 PPT 文档没有进行过保存;"已做过"字符表示考生对这个 PPT 文档进行过保存。考生可根据自己的需要点击这个下拉菜单的某行内容(即某个 PPT 文件名),系统将自动进入演示文稿系统(演示文稿系统事先已安装),再根据试题内容的要求对这个 PPT 文档进行演示文稿操作,并且当完成演示文稿操作进行文档存盘时,只要单击常用工具栏中的"保存"按钮,或者单击"文件"菜单下的"保存"按钮即可将这个 PPT 文档保存在考生文件夹下,而不会弹出"另存为"对话框,因为是同名保存,无需再输入文件路径名。如果单击"文件"菜单下的"另存为"按钮,则会弹出"另存为"对话框,这时的文件路径名应该为考生文件夹,如果不是,请将路径调整到考生文件夹后按"保存"按钮即可保存该 PPT 文档,如附图 8 所示。

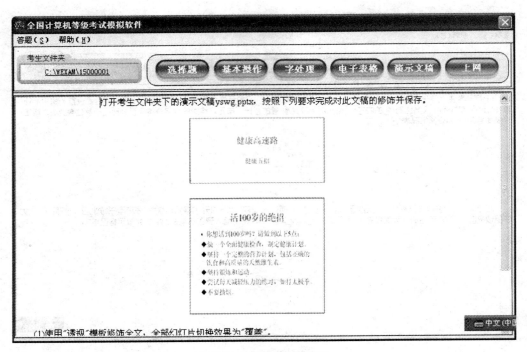

附图8   演示文稿操作题

（6）上网题

在"试题主窗口"中，当按下"上网"按钮时，系统将显示上网操作题，如果上网操作题中有浏览页面的题目，请在"试题内容查阅窗口"的"答题"菜单上选择"上网"→"Internet Explorer"命令，打开 IE 浏览器后就可以根据题目要求完成浏览页面的操作。

如果上网操作题中有收发电子信箱的题目，请在"试题内容查阅窗口"的"答题"菜单上选择"上网"→"Outlook"命令，打开 Outlook 2010 后就可以根据题目要求完成收发电子信箱的操作，如附图9所示。

注意：考试过程中必须将计算机杀毒软件的邮件监控、网页监控关掉以及 IIS（互联网信息服务）和邮件服务器关掉。

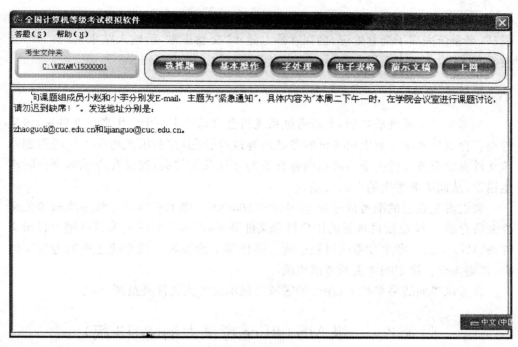

附图9　上网操作题

（7）交卷

如果考生要提前结束考试进行交卷处理，则请在屏幕顶部始终显示着考生的准考证号、姓名、考试剩余时间以及可以随时显示或隐藏试题内容查阅工具和退出考试系统的按钮的窗口中选择"交卷"按钮，上机考试系统将显示是否要交卷处理的提示信息框，此时考生如果选择"确定"按钮，则退出上机考试系统进行交卷处理。如果考生还没有做完试题，则选择"取消"按钮继续进行考试，如附图10所示。

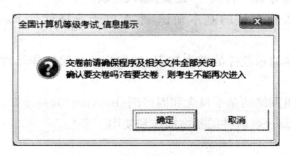

附图10　交卷

如果进行交卷处理，系统首先锁住屏幕，并显示"系统正在进行交卷处理，请稍候！"，当系统完成了交卷处理，会在屏幕上显示"交卷正常，请输入结束密码："或"交卷异常，请输入结束密码"，最后由监考老师统一输入结束密码。

六、考生文件夹

当考生登录系统成功后，上机考试系统将会自动产生一个考生考试文件夹，该文件夹将存放该考生所有上机考试的考试内容以及答题过程，因此考生不能随意删除该文件夹以及该文件夹下与考试内容有关的文件及文件夹，避免在考试和评分时产生错误，从而影响考生的考试成绩。

假设考生登录的准考证号为 1501999999880001，则上机考试系统生成的考生文件夹将存放到 K 盘根目录下的用户目录文件夹下，即考生文件夹为 K:\用户目录文件夹\15880001。考生在考试过程中所有操作都不能脱离上机系统生成的考生文件夹，否则将会直接影响考生的考试成绩。

在考试界面的菜单栏下，左边的区域可显示出考生文件夹路径。

附录 2　一级 MS Office 考试大纲（2013 版）

基本要求

1. 具有微型计算机的基础知识（包括计算机病毒的防治常识）。
2. 了解微型计算机系统的组成和各部分的功能。
3. 了解操作系统的基本功能和作用，掌握 Windows 的基本操作和应用。
4. 了解文字处理软件的基本知识，熟练掌握文字处理软件 MS 软件 Word 的基本操作和应用，熟练掌握一种汉字（键盘）输入方法。
5. 了解电子表格软件的基本知识，掌握电子表格软件 Excel 的基本操作和应用。
6. 了解多媒体演示软件的基本知识，掌握演示文稿制作软件 PowerPoint 的基本操作和应用。
7. 了解计算机网络的基本概念和因特网（Internet）的初步知识，掌握 IE 浏览器软件和 Outlook Express 软件的基本操作和使用。

考试内容

一、计算机基础知识

1. 计算机的发展、类型及其应用领域。
2. 计算机中数据的表示、存储与处理。
3. 多媒体技术的概念与应用。
4. 计算机病毒的概念、特征、分类与防治。
5. 计算机网络的概念、组成和分类；计算机与网络信息安全的概念和防控。
6. 因特网网络服务的概念、原理和应用。

二、操作系统 Windows 的功能和使用

1. 计算机软、硬件系统的组成及主要技术指标。
2. 操作系统的基本概念、功能、组成及分类。
3. Windows 操作系统的基本概念和常用术语，如文件、文件夹、库等。
4. Windows 操作系统的基本操作和应用：
（1）桌面外观的设置，基本的网络配置。
（2）熟练掌握资源管理器的操作与应用。
（3）掌握文件、磁盘、显示属性的查看、设置等操作。
（4）中文输入法的安装、删除和选用。
（5）掌握检索文件、查询程序的方法。
（6）了解软、硬件的基本系统工具。

三、文字处理软件 Word 的功能和使用

1. Word 的基本概念，Word 的基本功能和运行环境，Word 的启动和退出。
2. 文档的创建、打开、输入、保存等基本操作。
3. 文本的选定、插入与删除、复制与移动、查找与替换等基本编辑技术；多窗口和多文档的编辑。
4. 字体格式设置、段落格式设置、文档页面设置、文档背景设置和文档分栏等基本排版技术。
5. 表格的创建、修改；表格的修饰；表格中数据的输入与编辑；数据的排序和计算。

6．图形和图片的插入；图形的建立和编辑；文本框、艺术字的使用和编辑。

7．文档的保护和打印。

四、电子表格软件 Excel 的功能和使用

1．电子表格的基本概念和基本功能，Excel 的基本功能、运行环境、启动和退出。

2．工作簿和工作表的基本概念和基本操作，工作簿和工作表的建立、保存和退出；数据输入和编辑；工作表和单元格的选定、插入、删除、复制、移动；工作表的重命名和工作表窗口的拆分和冻结。

3．工作表的格式化，包括设置单元格格式、设置列宽和行高、设置条件格式，使用样式、自动套用模式和使用模板等。

4．单元格绝对地址和相对地址的概念，工作表中公式的输入和复制，常用函数的使用。

5．图表的建立、编辑和修改以及修饰。

6．数据清单的概念，数据清单的建立，数据清单内容的排序、筛选、分类汇总，数据合并，数据透视表的建立。

7．工作表的页面设置、打印预览和打印，工作表中链接的建立。

8．保护和隐藏工作簿和工作表。

五、演示文稿制作软件 PowerPoint 的功能和使用

1．中文 PowerPoint 的功能、运行环境、启动和退出。

2．演示文稿的创建、打开、关闭和保存。

3．演示文稿视图的使用，幻灯片基本操作（版式、插入、移动、复制和删除）。

4．幻灯片基本制作（文本、图片、艺术字、形状、表格等插入及其格式化）。

5．演示文稿主题选用与幻灯片背景设置。

6．演示文稿放映设计（动画设计、放映方式、切换效果）。

7．演示文稿的打包和打印。

六、因特网（Internet）的初步知识和应用

1．了解计算机网络的基本概念和因特网的基础知识，主要包括网络硬件和软件，TCP/IP 协议的工作原理，以及网络应用中常见的概念，如域名、IP 地址、DNS 服务等。

2．能够熟练掌握浏览器、电子邮件的使用和操作。

考试方式

1. 采用无纸化考试，上机操作。考试时间为 90 分钟。

2. 软件环境：Windows 7 操作系统，Microsoft Office 2010 办公软件。

3. 在指定时间内，完成下列各项操作：

(1) 选择题(计算机基础知识和网络的基本知识)。(20 分)

(2) Windows 7 操作系统的使用。(10 分)

(3) 文字处理软件 Word 操作。(25 分)

(4) 电子表格软件 Excel 操作。(20 分)

(5) 演示文稿制作软件 PowerPoint 操作。(15 分)

(6) 浏览器(IE)的简单使用和电子邮件收发。(10 分)

附录3　二级 MS Office 高级应用考试大纲(2013 版)

基本要求

1. 掌握计算机基础知识及计算机系统组成。

2. 了解信息安全的基本知识，掌握计算机病毒及防治的基本概念。

3. 掌握多媒体技术基本概念和基本应用。

4. 了解计算机网络的基本概念和基本原理，掌握因特网网络服务和应用。

5. 正确采集信息并能在文字处理软件 Word、电子表格软件 Excel、演示文稿制作软件 PowerPoint 中熟练应用。

6. 掌握文件处理软件 Word 的操作技能，并熟练应用编制文档。

7. 掌握电子表格软件 Excel 的操作技能，并熟练应用进行数据计算及分析。

8. 掌握演示文稿制作软件 PowerPoint 的操作技能，并熟练应用制作演示文稿。

考试内容

一、计算机基础知识

1. 计算机的发展、类型及其应用领域。

2. 计算机软、硬件系统的组成及主要技术指标。

3. 计算机中数据的表示与存储。

4. 多媒体技术的概念与应用。

5. 计算机病毒的特征、分类与防治。

6. 计算机网络的概念、组成和分类；计算机与网络信息安全的概念和防控。

7. 因特网网络服务的概念、原理和应用。

二、文件处理软件 Word 的功能和使用

1. Microsoft Office 应用界面使用和功能设置。

2. Word 的基本功能，文档的创建、编辑、保存、打印和保护等基本操作。

3. 设置字体和段落格式、应用文档样式和主题、调整页面布局等排版操作。

4. 文档中表格的制作与编辑。

5. 文档中图形、图像（片）对象的编辑和处理，文本框和文档部件的使用，符号与数学公式的输入与编辑。

6. 文档的分栏、分页和分节操作，文档页眉、页脚的设置，文档内容引用操作。

7. 文档审阅和修订。

8. 利用邮件合并功能批量制作和处理文档。

9. 多窗口和多文档的编辑，文档视图的使用。

10. 分析图文素材，并根据需求提取相关信息引用到 Word 文档中。

三、电子表格软件 Excel 的功能和使用

1. Excel 的基本功能，工作簿和工作表的基本操作，工作视图的控制。

2. 工作表数据的输入、编辑和修改。

3. 单元格格式化操作、数据格式的设置。

4. 工作簿和工作表的保护、共享及修订。

5. 单元格的引用、公式和函数的使用。

6. 多个工作表的联动操作。

7. 迷你图和图表的创建、编辑与修饰。

8. 数据的排序、筛选、分类汇总、分组显示和合并计算。

9. 数据透视表和数据透视图的使用。

10. 数据模拟分析和运算。

11. 宏功能的简单使用。

12. 获取外部数据并分析处理。

13. 分析数据素材，并根据需求提取相关信息引用到 Excel 文档中。

四、演示文稿制作软件 PowerPoint 的功能和使用

1. PowerPoint 的基本功能和基本操作，演示文稿的视图模式和使用。

2. 演示文稿中幻灯片的主题设置、背景设置、母版制作和使用。

3. 幻灯片中文本、图形、SmartArt、图像（片）、图表、音频、视频、艺术字等对象的编辑和应用。

4. 幻灯片中对象动画、幻灯片切换效果、链接操作等交互设置。

5. 幻灯片放映设置，演示文稿的打包和输出。

6. 分析图文素材，并根据需求提取相关信息引用到 PowerPoint 文档中。

考试方式

1. 采用无纸化考试，上机操作。考试时间：120 分钟。

2. 软件环境：操作系统 Windows 7，办公软件 Microsoft Office 2010。

3. 在指定时间内，完成下列各项操作：

（1）选择题（计算机基础知识和网络的基本知识）。（20 分）

（2）文件处理软件 Word 操作。（30 分）

（3）电子表格软件 Excel 操作。（30 分）

（4）演示文稿制作软件 PowerPoint 操作。（20 分）

参考文献

[1] 龙朝中,赵文斌. 计算机基础及 MS Office 应用教程. 南京:南京大学出版社,2013.

[2] 教育部考试中心. 全国计算机等级考试一级教程——计算机基础及 MS Office 应用(2013 版). 北京:高等教育出版社,2013.

[3] 马成荣. 计算机应用基础(第 2 版). 南京:江苏教育出版社,2011.

[4] 九州书源. Word/Excel 2010 行政文秘办公从入门到精通. 北京:清华大学出版社,2012.

[5] 李存斌. 计算机公共基础教程实训指导. 北京:高等教育出版社,2007.

[6] 张思卿,李广武. 计算机应用基础项目化教程. 北京:化学工业出版社,2013.